TRAITÉ
DU
CALCUL INTÉGRAL,

POUR SERVIR DE SUITE

A L'ANALYSE DES INFINIMENT-PETITS

DE M. LE MARQUIS DE L'HOPITAL;

Par M. DE BOUGAINVILLE, de la Société Royale de Londres.

SECONDE PARTIE.

A PARIS,

Chez H. L. GUERIN & L. F. DELATOUR, rue Saint Jacques, à Saint Thomas d'Aquin.

M. DCC. LVI.

Avec Approbation & Privilege du Roi.

AVANT-PROPOS.

JE m'acquitte avec autant d'empreſſement que de reconnoiſſance de mes engagements envers le Public. L'accueil favorable qu'il a fait à la premiere partie de cet Ouvrage, m'a ſoutenu contre les difficultés que préſentoit l'exécution de la ſeconde. L'eſpoir du ſuccès m'animoit. J'avois au moins un gage certain de l'indulgence de mes Juges.

Dans la premiere partie j'ai expoſé les regles pour l'intégration des différentielles qui n'ont qu'une ſeule variable, ou changeante; celle-ci explique les méthodes connues pour intégrer les différentielles qui en contiennent deux, ou un plus grand nombre. Je la diviſe en deux Sections, dont l'une a pour objet celles de ces différentielles qui ſont du premier ordre, & l'autre celles qui ſont d'un ordre plus élevé.

De toutes les méthodes inventées pour éclaircir ces matieres obſcures & compliquées, celles qui embraſſent un plus grand nombre de cas ſont, ſans contredit, les plus utiles. C'eſt à développer les plus générales de ces méthodes, à en faire voir l'application à des cas éloignés

FIN DE LA TABLE.

www.ingramcontent.com/pod-product-compliance
Lightning Source LLC
Chambersburg PA
CBHW070252200326
41518CB00010B/1765
9782012748989

& qui y paroiſſent le moins réductibles, que je me ſuis ſur-tout attaché. Pour épargner aux commençants des eſſais qui, toujours pénibles, ſeroient ſouvent infructueux à l'égard de quantités & d'équations qui ne peuvent être intégrées ſans préparation, j'ai placé à la tête de cette ſeconde partie l'expoſition du Théorême qui apprend à reconnoître quand l'intégration directe eſt poſſible, ou non. J'ai donné à l'expoſition de ce Théorême toute l'étendue néceſſaire pour ne laiſſer, je crois, aucun embarras ſur la maniere de s'en ſervir ; & dans toute la ſuite de l'Ouvrage j'en fais un uſage preſque continuel.

La méthode développée dans le Chap. VII. de la premiere Section eſt auſſi d'une très-grande généralité. On verra que la difficulté d'intégrer pluſieurs équations ſe réduit ſouvent à les ramener au cas dans lequel la méthode du Chapitre VII. ſuppoſe les équations différentielles pour les intégrer. Celle du Chapitre XV. de la même Section eſt auſſi une des plus ingénieuſes & des plus fécondes ; d'autant mieux que M. d'Alembert à qui nous la devons, ainſi que preſque la moitié des méthodes contenues dans ce Volume & dans le précédent, l'a étendue aux différentielles d'un ordre quelconque.

La plûpart de ces méthodes ſont dans les volumes de 1746, 1748, 1750 des Mémoires de l'Académie de Berlin.

J'ai trouvé, dans la ſeconde Section, l'occaſion de faire voir par un exemple, comment deux méthodes, rapprochées l'une de l'autre, ſe prêtent un jour mutuel & acquierent quelquefois un degré d'évidence & de généralité que les inventeurs ne leur avoient pas donné. Il y a toujours à gagner à ces ſortes de combinaiſons ; puiſque ſouvent, même en manquant le but qu'on ſe propoſe, on trouve une vérité qu'on ne cherchoit pas. D'ailleurs ces méthodes qui tendent à la même fin, qui ſont fondées ſur les mêmes principes, qui preſque toutes ont les mêmes procédés, ont néceſſairement entre elles un rapport ſenſible. Peut-être à force d'en étudier la liaiſon & d'en chercher la dépendance réciproque, parviendroit-on à rendre l'inſtrument univerſel & en même temps plus ſimple.

Que ne pouvons-nous pas nous promettre à cet égard des travaux réunis & conſtants de pluſieurs Géometres du premier ordre, dont les pas ont déja franchi un eſpace immenſe ? Le Public attend avec impatience le Traité du Calcul Intégral de M. Fontaine. Son but eſt de réduire tout ce Calcul à une regle fondamentale & générale. Les eſſais de ce Traité qui ont déja été lus à l'Académie des Sciences & dont l'Hiſtoire de cette Académie (Année 1742.) fait mention, mettent en droit d'eſpérer tout de l'Ouvrage même.

SUPPLÉMENT
A LA PREMIERE PARTIE.

COmme on m'a fait appercevoir dans la premiere partie de cet Ouvrage quelques endroits qui n'avoient pas, pour tout le monde, ce degré de clarté que je m'étois proposé de leur donner ; & qu'on m'en a indiqué d'autres, où le calcul pouvoit être simplifié ; je vais éclaircir & réformer ces endroits, & corriger en même temps les fautes d'impression dont j'ai pu m'appercevoir. Je suivrai dans ce Supplément l'ordre des pages.

PAGE 11. LIGNE 15. Placez la lettre O à l'angle des asymptotes, & nommez : OC, x, au lieu de BC.

Page 15. *ligne* 1. $\frac{dx}{y} = y$, lisez $\frac{dx}{x} = dy$.

Page 21. *ligne* 10. $y^2 dz lx ly =$, lisez $y^2 dz lx ly +$.

Page 35. *Lemme* 6. La supposition faite dans la démonstration de ce Lemme, que $1 - 2ax + xx = 0$, $1 - 2bx + xx = 0$, &c. pourroit faire naître quelques difficultés. Quoique la vérité du Lemme n'en subsistât pas moins, il est cependant à propos de montrer comment on peut se passer de cette supposition.

Soient donc a, b, $-h$, &c. les cosinus des arcs AB, AF, AI, &c. a, b, $-h$ seront les différentes valeurs de c dans les équations aux cosinus, trouvées p. 31. Donc ces équations auront pour diviseurs $c-a$, $c-b$, $c+h$, &c.

Supposons ces équations multipliées par 2 & faisons $2c=u$; les transformées qui en naîtront, auront pour diviseurs $u-2a$, $u-2b$, $u+2h$, &c. Or on sait que si dans chacune de ces transformées on substitue à u une quantité quelconque P, la quantité dans laquelle chacune d'elles se change par cette substitution a pour diviseurs $P-2a$, $P-2b$, $P+2h$. Donc si à u on substitue $\frac{1+xx}{x}$, les transformées qu'on aura dans ce cas auront pour diviseurs $\frac{1+xx}{x}-2a$, $\frac{1+xx}{x}-2b$, $\frac{1+xx}{x}+2h$, &c. Maintenant en faisant le calcul, on verra facilement que la forme générale de ces transformées est, $\frac{1\pm 2tx^{\lambda}+x^{2\lambda}}{x^{\lambda}}$. Donc $\frac{1\pm 2tx^{\lambda}+x^{2\lambda}}{x^{\lambda}}=$ $(\frac{1+xx}{x}-2a).(\frac{1+xx}{x}-2b).(\frac{1+xx}{x}+2h$. &c. $=$ $\frac{(1+xx-2ax).(1+xx-2bx).(1+xx+2hx).\&c.}{x^{\lambda}}$. Donc enfin $1\pm 2tx^{\lambda}+x^{2\lambda}=(1-2ax+xx).(1-2bx+xx).(1+2hx+xx).\&c.=\overline{KB}^2\times\overline{KF}^2\times\overline{KI}^2\times$ &c.

Page 38. *ligne* 2. AF, lisez AE.

Ibid. *ligne* 17. Lisez $\sqrt{1+2hx+xx}$, au lieu de $\sqrt{1+hx+xx}$.

Page 42. *ligne* 17. $\frac{AdA+BdB}{Aa+BB}\times$, lisez $\frac{AdA+BdB}{AA+BB}+$;

Page 43. *ligne* 16. $\int h\times\frac{ada-bdb}{aa+bb}$, lisez $\int h\times\frac{ada+bdb}{aa+bb}$.

Page 46. *ligne* 7. Comme 9 est à 1 : *lisez*, comme g est à 1.

Ibid. *ligne* 15. *jusqu'à* 21 : *pour plus de clarté* : *lisez ce qui suit* : $s\sqrt[10]{-1} = \overline{s\sqrt{-1}}^{\frac{1}{5}}$. Or cette derniere quantité se rapporte à $\overline{a+b\sqrt{-1}}^{g+h\sqrt{-1}}$, en faisant $a=0$, $b=s$, $g=\frac{1}{5}$, $h=0$. Donc (LXX. n°. 4.) $s\sqrt[10]{-1}$ se rapporte à $A+B\sqrt{-1}$, & par conséquent aussi $r+s\sqrt[10]{-1}$.

Page 51. *ligne* 18. $+y$: *lisez* $+y^m$.

Page 80. *ligne* 16. au lieu de fy : *lisez*, gy.

Ibid. *ligne* 22. $\frac{2gz}{g-2z}$ ou bien, &c. *lisez* $\frac{gg}{g-2z}$ ou bien $\frac{2gz}{g-2z}$.

Page 102. *ligne pénultieme*. $-(X)$: *lisez* $+(X)$.

Page 117. *ligne* 14. Il est évident, &c. *lisez*, Il est évident qu'on aura toujours un triangle rectangle, dont les côtés autour de l'angle droit seront dx & dy, & dont l'hypotenuse sera du.

Page 121. *ligne* 26. *lisez*, d'un quadrilatere d'hyperbole équilatere par rapport à ses asymptotes : les coordonnées ayant leur origine à la distance 1 du sommet.

Page 129. *ligne* 20. un nombre entier positif : *lisez*, un nombre entier pair positif.

Page 133. *ligne* 11. $\frac{-z^m dz}{rr(zz+rr)}$, *lisez* $\frac{-z^m dz}{rr(zz+\frac{1}{rr})}$.

Page 152. *ligne* 5. $\frac{(f+fa-g)}{b-a}$: *lisez* $(f+\frac{fa-g}{b-a})$.

Page 159. *ligne* 14. la fonction de x : *lisez*, le coefficient de x.

Page 171. *ligne* 11. $Gz^r dx$: *lisez*, $Gz^r dz$.

Ibid. *ligne* 18. *lisez*, s étant un nombre impair positif ou négatif ; & cette quantité s'intégrera, ou absolument, quand s est positive (Art. CVI. n°. 1.), ou par la quadrature du cercle (Art. CVI. n°. 2.), lorsque s est négative.

Page 180. *On peut supprimer depuis la ligne 4 inclusivement, jusqu'à la ligne 7 exclusivement.*

Page 181. *ligne* 15. $1 + x =$ &c. *lisez* $1 + x^\lambda =$.

Page 199. *ligne* 8 & 9. demi-axe conjugué : *lisez* axe conjugué.

Page 204. *ligne* 14. = enfin $\frac{-bbdu}{u\sqrt{u}.\sqrt{uu \pm fu - bb}}$. Pour montrer clairement ce qui a pu conduire à ajouter à la différentielle ce qu'on lui a ajouté, mettons-la sous cette forme $-\frac{\frac{bbdu}{uu}}{\sqrt{u \pm f - \frac{bb}{u}}}$; il est facile de voir que $\frac{bbdu}{uu}$ est la différentielle du terme $-\frac{bb}{u}$ qui est sous le signe. Donc il ne manque que du dans le numérateur, pour que la différentielle soit complete. Donc au lieu de notre différentielle nous pourrons prendre la suivante,

$$-\frac{du + \frac{bbdu}{uu}}{\sqrt{u \pm f - \frac{bb}{u}}} + \frac{du}{\sqrt{u \pm f - \frac{bb}{u}}}.$$ La premiere partie a pour intégrale (Art. VIII.) $-2\sqrt{u \pm f - \frac{bb}{u}}$, ou $-\frac{2\sqrt{uu \pm fu - bb}}{\sqrt{u}}$. La seconde n'est autre chose que $\frac{du\sqrt{u}}{\sqrt{uu \pm fu - bb}}$, qui se rapporte à l'Article CCVI.

Page 220. *ligne* 3. eſt égal à celle de : *effacez* celle de.

Page 224. *ligne* 1. *changez le double ſigne* $\pm$ *en* $\mp$.

Page 227. *ligne* 16. On aura une différentielle, &c. C'eſt ce qu'on peut voir de la maniere ſuivante. Puiſque $f+gx+hxx+x^3=(k+lx+mx^2).(c\pm x)$, en faiſant $c\pm x=z$, on aura une transformée de cette forme $[a.(\pm z\mp c)+b]^p\times\pm z^{\frac{n}{2}}dz\times(k'+l'z+mz^2)^{\frac{n}{2}}$; donc, &c.

Page 231. *ligne* 2. & $xx=$ &c. On peut ſimplifier ce calcul de la façon ſuivante. Subſtituez la valeur de x, qui vient d'être trouvée, dans l'équation $g'zx+\delta z=g+lx+kx^2$ & vous aurez tout de ſuite $g+lx+kxx=\delta z+g'z\times\left\{\frac{g'z-l}{2k}\pm\sqrt{\frac{\delta z-g}{k}+\left(\frac{g'z-l}{2k}\right)^2}\right\}$, d'où l'on tire immédiatement le dénominateur $\sqrt{\varphi+\frac{1}{z}\times\left\{\delta z+g'z\left(\frac{g'z-l}{2k}\right)\pm\sqrt{\frac{\delta z-g}{k}+\left(\frac{g'z-l}{2k}\right)^2}\right\}}$; réduiſant, &c. *comme juſqu'à la ligne* 10, je multiplie &c. On peut ſe diſpenſer de cette opération, parce que le numérateur & le dénominateur ſont chacun diviſibles par la quantité qui multiplie $\frac{dz}{k}$, ce qui conduit ſur le champ à $\frac{\pm dz}{\sqrt{z}.\sqrt{\&c.}}$, *ligne* 12. *page ſuivante.*

Quant à la remarque qui ſuit, page 233, on peut trouver auſſi facilement, ſans le ſecours du calcul qui précede, que la propoſée ſe rapporte aux logarithmes, toutes les fois que $\delta\delta-\frac{\delta g'l}{k}+\frac{gg'g'}{k}=0$. Car il eſt ſûr que la propoſée ſe réduira aux logarithmes, lorſque $g'x+\delta$ ſera diviſeur de $g+lx+kx^2$. Suppoſant donc qu'il le ſoit, & faiſant la diviſion, juſqu'à ce qu'il n'y ait plus d'x au dividende, on trouvera, en égalant le reſte à zéro & en réduiſant, $\delta\delta - \frac{\delta g' l}{k} + \frac{g g' g'}{k} = 0$.

Page 234. *ligne* 17. eſt du troiſieme degré : *liſez*, eſt 3.

Page 235. *ligne* 20. Les quadratures de ces quatre équations : *liſez*, les quadratures des courbes repréſentées par ces quatre équations.

Ibid. *ligne* 23. ſa quadrature ſe réduira : *liſez*, la quadrature de cette courbe ſe réduira.

Page 237. *ligne* 14. $dx = ydu$, effacez $dx =$.

Ibid. *ligne* 15. Faites ainſi, pour plus de ſimplicité, le calcul ſuivant. Je multiplie la différentielle $\frac{du\sqrt{k+lu+mu^2+nu^3}}{\sqrt{u}}$ haut & bas par $4\sqrt{k+lu+mu^2+nu^3}$ & j'ai $\frac{4kdu+4ludu+4mu^2du+4nu^3du}{4\sqrt{k+lu^2+mu^3+nu^4}}$, ou bien $\frac{kdu+2ludu+3mu^2du+4nu^3du}{4\sqrt{ku+lu^2+mu^3+nu^4}} + \frac{3kdu+2ludu+mu^2du}{4\sqrt{ku+lu^2+mu^3+nu^4}}$.
Il eſt évident que la premiere partie a pour intégrale $\frac{\sqrt{ku+lu^2+mu^3+nu^4}}{2}$. A l'égard de la ſeconde, elle ſe réduit à trois autres, dont la premiere qui a pour numérateur $3kdu$ s'integre par les ſections coniques, en faiſant $u = \frac{1}{z}$. La ſeconde qui ſe réduit à $\frac{ldu\sqrt{u}}{2\sqrt{k+lu+mu^2+nu^3}}$ eſt de la forme de celle dont nous cherchons l'intégrale; & la troiſieme ſe réduit à $\frac{mudu}{4\sqrt{\frac{k}{u}+l+mu+nu^2}}$, à laquelle, après l'avoir miſe ſous cette forme,

$\frac{m}{8n} \cdot \frac{2nudu}{\sqrt{\frac{k}{u} + l + mu + nu^2}}$, on voit qu'il ne manque pour être une différentielle complete, que d'avoir à son numérateur $-\frac{kdu}{uu} + mdu$. Cette troisieme partie se réduira donc, pour son intégration, à l'intégrale $\frac{m}{4n}\sqrt{\frac{k}{u} + l + mu + nu^2}$, à la différentielle $\frac{\frac{m}{8n} \cdot kdu}{u\sqrt{u} \cdot \sqrt{k + lu + mu^2 + nu^3}}$, qui se rapporte aux sections coniques en faisant $u = \frac{1}{z}$; & enfin à la différentielle $\frac{-\frac{m^2}{8n} \cdot du\sqrt{u}}{\sqrt{k + lu + mu^2 + nu^3}}$, de la même forme que celle dont nous cherchons l'intégrale.

Donc la différentielle $\frac{du\sqrt{k + lu + mu^2 + nu^3}}{\sqrt{u}}$ est composée de deux parties qui s'integrent absolument, de deux parties dépendantes des sections coniques, & enfin de $\left(\frac{l}{2} - \frac{mm}{8n}\right) \cdot \frac{du\sqrt{u}}{\sqrt{k + lu + mu^2 + nu^3}}$. Donc l'intégrale de $\frac{du\sqrt{u}}{\sqrt{k + lu + mu^2 + nu^3}}$ dépend de celle de $\frac{du\sqrt{k + lu + mu^2 + nu^3}}{\sqrt{u}}$, c'est-à-dire, de la quadrature d'une courbe du troisieme ordre.

Page 241. *ligne derniere* : d'une quadrature du troisieme ordre : *lisez*, de la quadrature d'une courbe du troisieme ordre.

Page 244. *ligne* 3. xx : lisez, x.

Page 246. *ligne* 14. $2xxdx$: lisez, $2cxdx$.

Page 248. *ligne* 17. elle ne dépend pas toujours de

$\frac{dx}{x\sqrt{a+fx^3}}$: mais elle peut dépendre ou de $\frac{x^2 dx}{\sqrt{a+fx^3}}$, ou de $\frac{x dx}{\sqrt{a+fx^3}}$, ou de $\frac{dx}{\sqrt{a+fx^3}}$, ou enfin de $\frac{dx}{x\sqrt{a+fx^3}}$. Dans le premier cas elle s'integre exactement. Dans le second & le troisieme elle dépend des sections coniques.

Page 253. *ligne* 7. fonctions de x : *lisez*, de z.

Page 259. *ligne* 6. au dénominateur $\sqrt{\varphi A + Bu}$ &c. : lisez $\sqrt{A + Bu}$ &c.

Page 277. *ligne* 3. $x^3 = \frac{az - g}{z^3}$ donne, &c. Le calcul qui suit peut s'abreger en cette maniere ; $x^3 = \frac{az-g}{z^3}$ donne $x^2 dx = \frac{-2azdz + 3gdz}{3z^4}$; donc $x^2 z dx = \frac{-2azdz + 3gdz}{3z^3}$; *ce qui intégré conduit tout de suite à la ligne* 7.

Ibid. *ligne* 22. Ay, lisez Ay^λ.

Page 292. *ligne* 10. Si l'on avoit $\int (r dx \int u dx)$: *ajoutez ces mots* : r & u étant des fonctions quelconques de x.

Ibid. *ligne* 15. *en titre*, SECOND CAS ; *effacez ce titre & les deux lignes qui suivent. Lisez à la marge :* Autre exemple du premier cas ; *& au lieu de* $\int (dx) \times \left(\int \frac{r dx}{\sqrt{2rx - xx}}\right)^3$, lisez $\int \left\{ dx \left(\int \frac{r dx}{\sqrt{2rx-xx}}\right)^3 \right\}$ *dans cet article & le suivant.*

Page 294. *Art.* CCCII. *jusqu'à la ligne* 14 : *lisez ce qui suit.* Soit proposée $\int \left\{ dx \left(\int \frac{r dx}{\sqrt{2rx-xx}}\right)^3 \right\}$; $\int \frac{r dx}{\sqrt{2rx-xx}}$ est l'expression d'un arc de cercle dont x est le sinus verse & r le rayon : Soit, en supposant le rayon 1, z la valeur de cet arc ; rz sera sa valeur, le rayon étant r. De même si cos. z représente le cosinus de cet arc, le rayon étant

1, r cof. z repréſentera le coſinus du même arc, le rayon étant r. On aura donc $x = r - r$ cof. z ; or cof. $z =$ &c.

Au reſte il eſt bon de marquer en paſſant la différence de ces deux expreſſions r cof. z & cof. rz. La premiere exprime le coſinus de l'arc z pris dans un cercle dont le rayon eſt r ; la ſeconde repréſente le coſinus d'un arc, le nombre de fois r plus grand que z, les arcs rz & z étant pris dans le même cercle ; d'où l'on voit que r cof. z & cof. rz ſont deux expreſſions qu'il ne faut pas confondre.

Page 296. ligne derniere. Entre l'article CCCV. *qui termine cette page & l'article* CCCVI. *qui commence la ſuivante, inſérez ces mots :*

SECOND CAS.

Ce ſecond cas a lieu, quand les quantités affectées du ſigne $\int$ ſont multipliées les unes par les autres. Il n'a aucune difficulté. Prenez chaque intégrale en particulier, & multipliez-les enſuite entre elles, le produit ſera la valeur de l'expreſſion propoſée. Ainſi $\int(x\,dx) \times \int(g\,x^3\,dx) = \frac{x^2}{2} \times \frac{g\,x^4}{4} = \frac{g\,x^6}{8}$.

Page 316. ligne 20. ajoutez ce qui ſuit. On peut par le même Théorême transformer tout nombre irrationel donné en une ſuite infinie de termes purement rationels. Soit, par exemple, la quantité irrationelle $\sqrt{10}$, je la transforme en $\sqrt{9+1}$, c'eſt-à-dire, en un radical binome dont la premiere partie ſoit un quarré ; & alors élevant par le moyen de la formule le binome $9+1$ à la puiſſance

$\frac{1}{2}$, on aura une ſuite infinie de termes tous rationels.

Page 324. *ligne* 18. d'un nombre plus grand que l'unité. *Entre cette ligne & l'Art.* CCCXL, *ajoutez* : mais moindre que 2. En effet ſi $1+z$ étoit ſeulement égal à 2, alors z étant 1, les deux termes du dénominateur binome ſeroient égaux & la ſerie ſeroit fautive ; à plus forte raiſon, lorſque z ſurpaſſe 2.

On peut néanmoins employer cette ſerie à trouver les logarithmes des nombres plus grands que l'unité ; mais il faut pour cela calculer les logarithmes de nombres moindres que 2, & qui ſoient tels que, multipliés entre eux, ou diviſés les uns par les autres, ils produiſent le nombre dont on cherche le logarithme. Par exemple, ſachant que $\frac{\frac{12}{10}\times\frac{12}{10}}{\frac{8}{10}\times\frac{9}{10}}$, ou bien $\frac{1,2\times 1,2}{0,8\times 0,9}=2$, je calcule par le moyen de la premiere ſerie le logarithme de 1, 2 en ſuppoſant $z=0,2$. Je calcule pareillement les logarithmes de 0, 8 & 0, 9 par le moyen de la ſeconde formule en ſuppoſant $z=0,2$ pour l'un, & 0, 1 pour l'autre. J'ajoute les logarithmes trouvés de 0, 8 & 0, 9 & je retranche la ſomme du double du logarithme de 1, 2, ce qui donnera le logarithme de 2. Si on ſe donne la peine de faire ce calcul, on trouvera ce logarithme $=$ 0, 693147180559 &c. De même puiſque $\frac{2\times 2\times 2}{0,8}=10$, en triplant le logarithme que nous venons de trouver, & retranchant celui de 0, 8, on aura le logarithme de 10 exprimé par 2. 302585092994 &c. C'eſt

ce

ce que (page 10. Art. xv.) nous avions promis de donner.

Lorſque par ce moyen on a formé les logarithmes de quelques nombres, on peut enſuite avoir ceux des autres nombres d'une maniere plus expéditive. La méthode conſiſte à trouver le logarithme d'une fraction dont le numérateur ſurpaſſe le dénominateur de tel nombre d'unités qu'on voudra. Pour cet effet, ſoit a la ſomme du numérateur & du dénominateur de cette fraction, x leur différence; la fraction ſera $\frac{\frac{1}{2}a+\frac{1}{2}x}{\frac{1}{2}a-\frac{1}{2}x}$, ou $\frac{a+x}{a-x}$. La différentielle du logarithme de cette fraction ſera $\frac{2adx}{aa-xx}$; laquelle réduite en ſerie par la diviſion & enſuite intégrée, donne pour le logarithme de cette même fraction $2\times\left\{\frac{x}{a}+\frac{x^3}{3a^3}+\frac{x^5}{5a^5}+\frac{x^7}{7a^7}+\frac{x^9}{9a^9}+\&c.\right\}$: intégrale à laquelle il n'y a point de conſtante à ajouter, parce que quand $x=0$, elle devient $=0$, ainſi que cela doit être. Car lorſque $x=0$, la fraction $\frac{a+x}{a-x}$ devient $\frac{a}{a}=1$, dont le logarithme eſt ici $=0$.

Maintenant s'il s'agit de trouver le logarithme d'un nombre quelconque a, celui d'un autre nombre b étant donné; je chercherai par cette formule le logarithme de la fraction $\frac{a}{b}$, ſi a eſt plus grand que b, ou $\frac{b}{a}$, s'il eſt plus petit: ce logarithme étant trouvé, je l'ajouterai dans le premier cas au logarithme ſuppoſé connu de b, & j'aurai le logarithme de $\frac{a}{b}\times b$; c'eſt-à-dire de a. Dans le ſecond cas je retrancherai du logarithme connu de b, celui de la fraction $\frac{b}{a}$, & j'aurai le logarithme de $\frac{b}{\frac{b}{a}}=b\times\frac{a}{b}=a$.

Au reste, il ne faut pas perdre de vue que les logarithmes dont nous parlons ici, sont les logarithmes hyperboliques; & que pour réduire à ceux des tables ordinaires les logarithmes trouvés par les moyens que nous venons d'indiquer, il faut multiplier ces derniers par le nombre constant 0, 43429448 &c. La raison en est que les logarithmes d'un même nombre pris dans différentes logarithmiques sont entre eux comme les sous-tangentes de ces logarithmiques. Or les logarithmes appellés hyperboliques, sont ceux que donneroit la logarithmique dont la sous-tangente $= 1$, & ceux des tables appartiennent à une logarithmique dont la sous-tangente $= 0, 43429448$ &c. Donc si en général on nomme l le logarithme hyperbolique d'un nombre donné; L son logarithme pris dans les tables ordinaires, on aura $1 : 0, 43429448$ &c. $:: l : L$. Donc $L = l \times 0, 43429448$ &c.

Par une méthode semblable à celle que nous venons d'employer pour trouver le logarithme du nombre $1 + z$, on peut parvenir à trouver l'expression générale de c^x, (c étant le nombre dont le logarithme est 1, & x une quantité quelconque). On supposera pour cet effet $c^x = 1 + z$; donc $x = l(1 + z)$ & conséquemment $x = z - \frac{z^2}{2} + \frac{z^3}{3}$ &c.; équation de laquelle tirant, par la méthode inverse des series, la valeur de z en x, on aura $z = \frac{x}{1} + \frac{x^2}{1.2} + \frac{x^3}{1.2.3} + \frac{x^4}{1.2.3.4} + \frac{x^5}{1.2.3.4.5}$ &c. donc $1 + z$ ou $c^x = 1 + \frac{x}{1} + \frac{x^2}{1.2} + \frac{x^3}{1.2.3} +$ &c.

Je remarquerai ici que cette expression trouvée pour c^x démontre ce que nous avons supposé dans la premiere Partie (Art. CCCVII.), savoir que $c^{z\sqrt{-1}} = 1 + z\sqrt{-1}$ lorsque z est très-petite.

J'observerai encore qu'on peut par ce moyen trouver la valeur de c. En effet puisque $c^x = 1 + \frac{x}{1} + \frac{x^2}{1.2} + \frac{x^3}{1.2.3} + \frac{x^4}{1.2.3.4} +$ &c. en supposant $x = 1$, on a $c = 1 + \frac{1}{1} + \frac{1}{1.2} + \frac{1}{1.2.3} + \frac{1}{1.2.3.4} +$ &c. $= 2,7182818$ &c.

EXTRAIT DES REGISTRES *de l'Académie Royale des Sciences,*

Du 14 Janvier 1756.

NOUS Commissaires nommés par l'Académie, avons examiné la seconde Partie de l'Ouvrage de Monsieur de Bougainville le jeune, qui a pour titre : *Traité du Calcul intégral.*

Cette seconde Partie traite de l'Intégration des Quantités différentielles à deux ou plusieurs variables, & acquitte par conséquent l'engagement que l'Auteur avoit pris avec le public. Elle est divisée en deux livres.

Le premier a pour objet l'intégration des Différentielles du premier ordre, qui contiennent deux ou plusieurs variables. M. de Bougainville après quelques Définitions & Propositions préliminaires, traite d'abord de l'intégration des quantités ou équations différentielles qui n'ont besoin pour cela d'aucune préparation ; il donne le moyen de connoître & de distinguer ces sortes de quantités ou équations, & de les intégrer. Il passe ensuite à l'intégration des équations qui ont besoin d'être préparées par quelque opération particuliere ; & comme pour l'ordinaire, cette opération consiste à séparer les Indéterminées, M. de Bougainville, après avoir enseigné à construire une Equation différentielle dont les indéterminées sont séparées, donne différentes méthodes pour séparer les indéterminées dans une Equation proposée, soit par la voie des multiplications & des divisions, soit par celle des transformations. Le premier usage qu'il en fait, a pour objet les Equations homogenes, & après avoir montré comment on peut construire ces équations dans tous les cas, il enseigne comment on peut réduire plusieurs Equations au cas de l'homogénéité.

Il passe de là à l'intégration d'une espece d'Equations qui a souvent lieu dans la solution des Problêmes ; c'est celle dont M. Bernoulli a donné le premier l'Intégrale dans les Journaux de Leipsic de 1697. M. de Bougainville, après avoir donné une méthode particuliere d'intégrer ces sortes d'Equations, fait voir comment on peut y réduire un grand nombre d'Equations proposées. Ces principes établis, il traite en général des équations à trois & quatre termes, & montre dans quels cas on peut les intégrer. Il n'oublie pas la fameuse équation de *Ricati*, ni même des équations plus compliquées, dont celle de *Ricati* n'est qu'un cas.

De là il passe à l'intégration des Equations où les deux différentielles sont élevées à différentes puissances ; le cas des Equations homogenes se retrouve encore ici, mais sous une forme bien plus générale. M. de Bougainville montre de plus comment on peut intégrer dans beaucoup d'autres cas les Equations dans lesquelles les deux différentielles se trouvent mêlées ensemble, ou élevées à des puissances plus grandes que l'unité.

L'Auteur fait voir ensuite comment on peut employer dans certains cas la méthode des Coefficients indéterminés pour intégrer en même temps plusieurs équations qui contiennent chacune un certain nombre de variables ; & comment on peut se servir de cette même méthode pour déterminer une Intégrale par certaines conditions données de la Différentielle.

Le second Livre traite de l'intégration des Equations ou quantités différentielles à plusieurs variables, du second ordre & au-delà, en supposant constante telle différentielle qu'on juge à propos. Il contient, ainsi que le Livre premier, toutes les méthodes que les Géometres ont trouvées jusqu'à présent sur le Calcul qui en est l'objet ;

l'Auteur ſait par-tout ſe rendre propres ces méthodes par l'intelligence & la clarté avec laquelle il les a dévelop-pées.

Cette Seconde Partie ne nous paroît pas moins digne que la premiere de l'approbation de l'Académie, & de l'impreſſion. *Signé*, NICOLE; D'ALEMBERT.

Je certifie le préſent Extrait conforme à ſon original & au jugement de l'Académie. A Paris, ce 29 Janvier 1756.

GRANDJEAN DE FOUCHY,
Secretaire perpétuel de l'Académie Royale des Sciences.

Fautes à corriger dans la Seconde Partie.

Page 19. ligne 24. $\frac{dC}{dx} \times \frac{dB}{dz}$, lisez $\frac{dC}{dx}$, $\frac{dB}{dz}$.

Page 58. ligne 6. $byyx^{\frac{1}{2}}$, lisez $byyx^{\frac{1}{2}}dx$.

Page 116. & 117. effaçez V^{-1} & V''^{-1}.

Page 154. ligne 15. $\pm nyydx^2$, lisez $\pm n$.

Page 155. ligne 1. $\pm ndx^2$, lisez $\pm n$; *idem* ligne 8.

N'ayant pu revoir moi-même les épreuves de cette seconde Partie, à cause d'un voyage que j'ai été obligé de faire & d'une maladie assez longue qui l'a suivi, je m'en suis reposé sur l'exactitude de M. Bezout, Censeur Royal & très-habile Maître de Mathématiques, qui a bien voulu s'en charger. Ceux qui voudront s'instruire à fonds du Calcul intégral & de la Géométrie transcendante, ne sauroient mieux faire que de le prendre pour guide.

TRAITÉ

TRAITÉ
DU
CALCUL INTÉGRAL.

SECONDE PARTIE,

Où l'on traite de l'Intégration des Différentielles à deux ou plusieurs variables.

NOUS avons donné dans la premiere partie de ce Traité les regles que les Géometres ont trouvées jusqu'à présent pour intégrer les différentielles qui n'ont qu'une variable. Nous allons exposer dans cette seconde partie ce que l'on sait sur l'intégration de celles qui en contiennent deux ou un plus grand nombre.

Nous diviserons cette seconde partie en deux Sections. Division générale de cette Seconde Partie.

LA PREMIERE contiendra les regles d'intégration des différentielles à plusieurs variables qui ne passent pas le premier ordre; telles que sont les suivantes, $xydx + xxdy$; $\frac{xdy - ydx}{xx}$, &c.

LA SECONDE traitera de l'intégration des différentielles à plusieurs variables d'un ordre plus élevé ; telles que $xdxddy$; $y^3x^3dydyddx$, &c. qui s'écrivent encore de la façon suivante, $xdxd^2y$; $y^3x^3dy^2d^3x$, & en général $dx^n d^m y$.

Observation sur l'addition de la constante à l'intégrale trouvée.

Il ne faut pas oublier qu'il est aussi nécessaire ici d'ajouter une constante à l'intégrale trouvée, pour la rendre complette, ainsi qu'on l'a fait dans la premiere Partie. Nous nommerons cette constante $+C$, C étant positif ou négatif.

SECTION PREMIERE.

De l'Intégration des Différentielles du premier ordre qui contiennent deux ou plusieurs variables.

CHAPITRE PREMIER.

Des quantités & des équations différentielles qui s'intégrent sans qu'il soit nécessaire d'en séparer auparavant les indéterminées, & sans aucune autre préparation.

§. I. *Sur l'intégration des quantités différentielles.*

I.

LA différentielle de xy est, comme on le sait, $ydx + xdy$. Donc l'intégrale de $ydx + xdy$ est $xy \pm C$. Par la même raison $yxdz + yzdx + xzdy$ a pour intégrale $xyz \pm C$. En général $y^m x^n$ ayant pour différentielle $mx^n y^{m-1} dy + ny^m x^{n-1} dx$, l'intégrale de cette derniere quantité est $y^m x^n \pm C$. 1°. Lorsqu'elles sont des quantités entieres.

II.

On sait encore que la différence d'une fraction, est la différence du numérateur multipliée par le dénominateur, 2°. Lorsqu'elles sont fractionnaires moins la différence du dénominateur multipliée par le numérateur, le tout divisé par le quarré du dénominateur. Ainsi la différence de $\frac{z}{u}$ est $\frac{udz - zdu}{uu}$. Donc l'intégrale de $\frac{udz - zdu}{uu}$ est $\frac{z}{u} \pm C$. De même l'intégrale de $\frac{ny^m x^{n-1} dx - mx^n y^{m-1} dy}{y^{2m}}$ est $\frac{x^n}{y^m} \pm C$.

III.

En général si on nomme ξ une fonction quelconque de x, & Y une fonction quelconque de y, l'intégrale de $\xi dY + Yd\xi$ est $Y\xi \pm C$; & $\frac{\xi dY - Yd\xi}{\xi^2}$ a pour intégrale $\frac{Y}{\xi} \pm C$.

IV.

3°. Lorsqu'elles contiennent des binomes, trinomes, &c. élevés à différentes puissances.

Nous avons vu dans la premiere partie de ce Traité que toutes les fois que dans une formule composée d'une seule variable & de constantes, la quantité hors du signe étoit la différentielle de la quantité sous le signe ; l'intégrale de cette formule est la quantité même sous le signe dont l'exposant est augmenté de l'unité, divisée par ce même exposant ainsi augmenté de l'unité. Il en est de même pour les formules différentielles composées de plusieurs variables & de constantes, pourvu qu'elles aient la condition que nous venons d'énoncer.

Ainsi l'intégrale de $(dx + dy) . \sqrt{x + y}$ est $\frac{2}{3} . (x+y)^{\frac{3}{2}} \pm C$: celle de $(2adx + 2bdy) . (ax+by)^{-\frac{1}{2}}$ est $4 . (ax + by)^{\frac{1}{2}} \pm C$. Enfin celle de

$\frac{x^3dy + 3yx^2dx + 3xy^2dy + y^3dx}{2.(x^3y+y^3x)^{\frac{1}{2}}}$ est $(x^3y+y^3x)^{\frac{1}{2}} \pm C$.

V.

Si l'on avoit en général à intégrer $(xdy + ydx + 2ydy)$. $(xy+yy)^{\frac{n}{m}}$, l'intégrale en seroit $\frac{m}{m+n}.(xy+yy)^{\frac{m+n}{m}}$ $\pm C$; & de même celle de $\frac{xdy+ydx+2ydy}{(xy+yy)^{\frac{n}{m}}}$ est $\frac{m}{m-n}$. $(xy+yy)^{\frac{m-n}{m}} \pm C$. Il en est ainsi de beaucoup d'autres.

VI.

Si cependant on étoit embarrassé dans ces cas, & que l'intégrale ne se présentât pas d'abord, on la trouveroit sur le champ en se servant des transformations enseignées dans la premiere Partie. Ainsi en faisant dans $(xdy + ydx + 2ydy).(xy+yy)^{\frac{n}{m}}$, $xy+yy = z$; on aura pour transformée $z^{\frac{n}{m}}dz$, dont l'intégrale est par la regle fondamentale de tout ce calcul $\frac{m}{n+m}z^{\frac{m+n}{m}} \pm C$; & en remettant pour z sa valeur, on aura l'intégrale cherchée. Il en est de même pour toutes les différentielles qui sont dans le même cas.

VII.

4°. Lorsque ces quantités renferment des Logarithmes.

On a établi que toutes les fois que le numérateur d'une fraction composée d'une seule indéterminée & de constantes, est la différentielle du dénominateur, l'intégrale de la proposée est le logarithme du dénominateur. Cette regle a encore lieu, lorsque la fraction contient deux ou plusieurs indéterminées avec les mêmes conditions.

Suivant cette regle l'intégrale de $\frac{dx+dy}{x+y}$ est $l(x+y) \pm C$: celle de $\frac{xdy+ydx}{xy}$ est $lxy \pm C$: De même $\int \frac{xdy+ydx-2ydy}{2xy-2yy} = l(xy-yy)^{\frac{1}{2}} \pm C$. En général $\int \frac{my^n x^{m-1}dx + nx^m y^{n-1}dy - (m+n)y^{m+n-1}dy}{rx^m y^n - ry^{m+n}} = l(x^m y^n - y^{m+n})^{\frac{1}{r}} \pm C$, en supposant que la soustangente de la logarithmique est 1. C'est ce qu'on trouvera tout de suite en supposant $x^m y^n - y^{m+n} = z$: car alors on aura la transformée suivante $\frac{dz}{rz}$, dont on sait que l'intégrale est $l(z)^{\frac{1}{r}}$. Donc, &c.

§. II. *Sur l'intégration des équations différentielles.*

VIII.

Ce que c'est qu'une équation différentielle d'un ordre quelconque.

Lorsqu'une quantité différentielle quelconque est supposée égale à zéro, on l'appelle équation différentielle. Toute équation différentielle est du même ordre que les quantités différentielles de l'ordre le plus élevé, qu'elle renferme ; c'est-à-dire que l'équation $z^m dz + 2zdu + udz = 0$, dans laquelle les quantités différentielles dz & du sont du premier ordre, est du premier ordre. La suivante $\frac{a^2y^2dx^2 + 2a^2yxdydx + a^2x^2dy^2}{y^4x^4} = 0$ est encore du premier. Celle-ci $ddu + xdxdu + vdu^2 = 0$ est du second ordre ; & ainsi de suite.

IX.

L'intégration des équations différentielles du premier

ordre s'appelle autrement méthode inverse des tangentes. En voici la raison. La méthode directe des tangentes n'est autre chose que la méthode de trouver la tangente d'une courbe dont l'équation est donnée ; c'est-à-dire (Sect. II. des Infiniment-Petits) de trouver la valeur de la sous-tangente $\frac{ydx}{dy}$, ou ce qui est la même chose de $\frac{dx}{dy}$, en supposant qu'on ait une équation en x & en y.

Ce que c'est que la méthode inverse des tangentes.

Or une équation différentielle du premier ordre étant donnée, on a la valeur de $\frac{dx}{dy}$ ou de $\frac{ydx}{dy}$ en x & en y, c'est-à-dire, l'expression de la sous-tangente. L'intégration de cette équation donnera évidemment l'équation de la courbe. Donc cette intégration fera connoître la courbe dont la sous-tangente est supposée donnée ; & ainsi elle est l'inverse de la méthode directe des tangentes, qui consiste à trouver la sous-tangente d'une courbe dont l'équation est donnée.

X.

Les regles pour intégrer les équations différentielles sont à peu près les mêmes que les précédentes. Il y faut cependant ajouter un nouveau principe.

Lemme. Quand une différentielle est égale à zéro, son intégrale, s'il est possible de la trouver, doit être supposée égale à une constante qu'on prendra arbitrairement, en suivant toutesfois la loi des homogenes. Par exemple, si on a $\frac{2zudu - uudz}{zz} = 0$ dont l'intégrale est $\frac{uu}{z}$, on la suppose égale à une grandeur constante a, ce qui donne $\frac{uu}{z} = a$, ou $uu = az$, pour l'intégrale complete.

Lemme préparatoire.

Voyons maintenant des équations qui s'intégrent sans aucune préparation.

X I.

Premier Exemple.

Ce que nous avons dit plus haut nous fait découvrir sur le champ que l'équation $xdy + ydx = uzdt + utdz + ztdu$ est la différentielle exacte de celle-ci $xy - uzt + C = 0$; car il suffit pour s'en appercevoir de regarder les deux membres de cette équation comme deux différentielles particulieres, & d'en prendre séparément l'intégrale.

X I I.

On suivra la même regle pour l'intégration de beaucoup d'autres équations dans lesquelles les différentielles sont élevées au quarré, au cube, &c.

Si l'on a, par exemple, l'équation suivante, $x^2 dy^2 + 2xydxdy + y^2 dx^2 = a^4 dx^2$; pour l'intégrer j'en prends la racine quarrée. Cette opération me donne $xdy + ydx = a^2 dx$, donc l'intégrale est $xy - aax + C = 0$.

X I I I.

Qu'on propose l'équation $a^3 ydx = fy^3 dy + h^2 y^2 dz + a^3 xdy$, qui est la même que celle-ci, $a^3 ydx - a^3 xdy = fy^3 dy + h^2 y^2 dz$; ou bien encore, la même que cette autre $\frac{a^3 ydx - a^3 xdy}{yy} = fydy + h^2 dz$; je vois sans peine que l'intégrale de cette équation est $\frac{a^3 x}{y} - \frac{fyy}{2} - h^2 z + C = 0$.

XIV.

XIV.

SCHOLIE. De ce que dans l'exemple précédent l'équation n'eſt devenue intégrable qu'après que l'un & l'autre membre en a été diviſé par yy, il eſt aſſez ſimple de penſer qu'il pourroit y avoir beaucoup de différentielles qui n'étant pas intégrables dans la forme ſous laquelle on nous les préſente, le deviendroient, ſi on les multiplioit ou ſi on les diviſoit par quelques fonctions de leurs variables.

D'autres auſſi deviendront intégrables en ſe ſervant des ſubſtitutions enſeignées dans le Chapitre ſecond de la premiere Partie, pour les transformer; d'autres enfin demanderont des opérations plus compoſées. Mais comme ſouvent les différentielles à pluſieurs variables ſont très-compliquées; qu'il eſt par conſéquent difficile de reconnoître les méthodes qui leur conviendroient; & que même quelquefois on eſſayeroit inutilement de les leur appliquer; avant que d'entrer dans le détail des méthodes particulieres, nous en allons expoſer une générale qui apprend à reconnoître ſi une quantité ou une équation quelconque compoſée d'un nombre quelconque de variables & de leurs différentielles (dans l'état où elle eſt propoſée) eſt intégrable algébriquement, ou conſtructible par les quadratures. Lorſque l'intégration eſt poſſible, cette méthode nous apprend à trouver l'intégrale. Souvent même, lorſque la quantité ou l'équation dans l'état dans lequel on la propose n'est pas intégrable, la même méthode nous fait trouver le facteur qui en l'affectant la rend susceptible d'intégration. Cette méthode est fondée sur un Théorême dont nous ferons le plus grand usage dans toute la suite de ce Traité.

CHAPITRE II.

Méthode pour reconnoître quand une différentielle composée de plusieurs variables est la différentielle exacte de quelque quantité, & pour l'intégrer dans ce cas.

Solution d'un Problême nécessaire pour ce qui suit.

AVant que d'exposer cette méthode, il est nécessaire de donner ici la solution d'un Problême dont on ne peut se passer. Ce Problême consiste à différentier les quantités de la forme de $\int A\,dx$; A est une fonction de x & de y, telle que c'est x qui a varié; au lieu qu'on demande ici la différentielle de $\int A\,dx$, y variant & x étant constant.

X V.

PROBLEME. Différentier les quantités de la nature de $\int A\,dx$, en supposant y variable & x constant.

Nous allons d'abord donner la solution de ce Problême sur un exemple.

SOLUTION. Supposons que la quantité proposée à différentier soit $\int dx\sqrt{(aa+xx)}$, en faisant a variable. Je différentie la quantité $\sqrt{(aa+xx)}$ en faisant seulement varier a. Cette opération donne $\frac{ada}{\sqrt{(aa+xx)}}$. J'en ôte da que je mets devant le signe $\int$ en laissant dx ainsi qu'il étoit sous ce même signe : j'aurai $da\int\frac{adx}{\sqrt{(aa+xx)}}$ pour la différentielle cherchée de $\int dx\sqrt{(aa+xx)}$; a variant & dx étant constant. C'est ce qui se démontre ainsi.

Soit la courbe BM dont l'équation est $y=\sqrt{(aa+xx)}$, telle que . . . . . $BA=a$ Figure 11

$AP=x$

$Pp=dx$

$PM=y=\sqrt{(aa+xx)}$.

Menant l'ordonnée infiniment proche pm, on a le petit espace $PMmp=dx\sqrt{(aa+xx)}$. Donc la somme de ces petits espaces, ou l'aire entiere $BAPM$ sera $\int dx\sqrt{(aa+xx)}$. Soit à présent prolongé BA en b, PM en M', pm en m'; & par les points b, M', m', menée la courbe $bM'm'$. En faisant varier le parametre a & laissant x constant, on aura $MM'=\frac{ada}{\sqrt{(aa+xx)}}$; donc le petit espace $M'm'Mm=\frac{adadx}{\sqrt{(aa+xx)}}$; donc la somme des petits espaces $M'm'Mm$, ou $BbM'M=\int\frac{adadx}{\sqrt{(aa+xx)}}$: or da demeure toujours le même dans toutes les quantités $\frac{adadx}{\sqrt{(aa+xx)}}$, puisque $da=Bb$; donc on peut le faire sortir hors du signe d'intégration : donc on a $BbM'M=da\int\frac{adx}{\sqrt{(aa+xx)}}$. Or $BbM'M$ est l'élément de l'aire $ABMP$; donc la différence de $\int dx\sqrt{(aa+xx)}$ est $da\int\frac{adx}{\sqrt{(aa+xx)}}$. Il est évident qu'on fera le même raisonnement sur tout autre exemple.

XVI.

Solution générale du Problême.

COROLLAIRE. Donc en général la différence de $\int A\,dx$, y étant ſuppoſée variable, ſera $dy\int\frac{dA}{dy}dx$; dans cette quantité, $\frac{dA}{dy}$ exprime le coefficient qu'auroit dy dans la différentiation de la quantité A. Ce qu'on voit aiſément par l'exemple ci-deſſus.

Après la ſolution de ce Problême, paſſons à l'expoſition de la méthode. Nous l'appliquerons d'abord aux quantités & aux équations différentielles qui ne renferment que deux variables; enſuite nous l'appliquerons à celles qui en renferment trois ou un plus grand nombre.

§. I. *Expoſition de la méthode appliquée aux quantités & aux équations différentielles qui ne renferment que deux variables.*

XVII.

Théorême fondamental.

THÉOREME. Si on différentie une quantité telle que A compoſée de deux variables t & u, en faiſant u variable & t conſtant, & qu'enſuite on différentie la différentielle qui en réſulte en faiſant t variable & u conſtant, on aura la même quantité que ſi on différentioit d'abord A en faiſant u conſtant & t variable, & qu'enſuite on différentiât la différentielle qui en réſulte en faiſant t conſtant & u variable. Par exemple, ſoit $A=\sqrt{(t^2+nu^2)}$. Différentions cette quantité en ſuppoſant t conſtant, la différentielle ſera $\frac{nudu}{\sqrt{(t^2+nu^2)}}$, qui différentiée de nouveau en traitant u comme conſtant, donne $\frac{-ntudtdu}{(t^2+nu^2)^{\frac{3}{2}}}$.

Maintenant différentions A en regardant u comme constant, nous aurons $\frac{tdt}{\sqrt{(t^2+nu^2)}}$; dont la différentielle en supposant t constant sera $\frac{-ntudtdu}{(t^2+nu^2)^{\frac{3}{2}}}$, qui est la même quantité que la précédente.

La démonstration de ce Théorême se tire des principes mêmes du Calcul différentiel.

DÉMONSTRATION. Mettons dans A, $t+dt$ au lieu de t, A se change en $B=\sqrt{(t+dt)^2+nu^2}$; mettons ensuite dans A au lieu de u, $u+du$, A se change en $C=\sqrt{t^2+n(u+du)^2}$. Enfin si l'on met en même temps dans A au lieu de t, $t+dt$, & au lieu de u, $u+du$, A se change en $D=\sqrt{(t+dt)^2+n(u+du)^2}$. Il est évident par l'inspection seule que si dans B on écrit pour u, $u+du$, B devient D; & de même, que si dans C on écrit $t+dt$ pour t, C devient D. Cela posé, si on différentie A en regardant t comme constant, on aura $C-A$. La raison en est simple. Car pour différentier une quantité, x, par exemple, il faut supposer que x devient $x+dx$, & alors la différence qu'il y aura entre x dans le premier état & x dans le second sera la différentielle de x; il faudra donc retrancher x de $x+dx$, ce qui donne dx. De même supposant t constant, pour avoir la différentielle de A, il faut substituer dans A à la place de u, $u+du$, ce qui donne C. C est donc ce que devient A au second instant; la différence entre A au premier instant & A au second instant, ou la différentielle de A sera donc $C-A$. Le calcul est conforme à ce raisonnement.

Car $C - A = \sqrt{t^2 + n(u+du)^2} - \sqrt{(t^2 + nu^2)}$

$$= \frac{\left(\sqrt{t^2+n(u+du)^2} - \sqrt{t^2+nu^2}\right) \cdot \left(\sqrt{t^2+n(u+du)^2} + \sqrt{t^2+nu^2}\right)}{\sqrt{t^2+n(u+du)^2} + \sqrt{(t^2+nu^2)}}$$

$$= \frac{2nudu + ndu^2}{\sqrt{(t^2+nu^2+2nudu+ndu^2)} + \sqrt{(t^2+nu^2)}} = \frac{nudu}{\sqrt{(t^2+nu^2)}}$$

qui est en effet la différentielle de A en supposant t constant. Si dans $C - A$ on met $t + dt$ au lieu de t, on aura $D - B$, & la différentielle sera par les raisons que nous venons d'exposer $D - B - C + A$.

Maintenant dans A mettons $t + dt$ au lieu de t, nous aurons B, & la différentielle de A en supposant u constant sera $B - A$. Si dans cette différentielle on écrit $u + du$ au lieu de u, elle devient $D - C$; & la différentielle sera par conséquent $D - C - B + A$, différentielle que nous avons trouvée absolument la même par la premiere opération.

XVIII.

Autre maniere de présenter le Théorême précédent.

Ce Théorême peut encore se présenter sous une autre forme qui suppose toujours les mêmes principes.

THÉOREME. Si $Adx + Bdy$ représente la différentielle d'une fonction de x, de y & de constantes, la différence de A prise en supposant seulement y variable & divisant par dy, est égale à la différence de B prise en supposant x seul variable & divisant par dx. Ce Théorême s'énonce ainsi algébriquement $\frac{dA}{dy} = \frac{dB}{dx}$, si $\int A dx + Y = \int B dy + X$ (Y étant une fonction de y & de constantes qu'on peut ajouter à $\int A dx$, & X une fonction de x & de constantes qu'on peut ajouter à

$\int B\,dy$). On se souviendra que $\frac{dA}{dy}$ exprime le coefficient qu'aura dy dans la différentiation de A, & $\frac{dB}{dx}$ celui de dx dans la différentiation de B.

DÉMONSTRATION. Les deux membres de cette derniere équation sont égaux : donc la différence de l'un est égale à la différence de l'autre, quelle que soit la quantité que l'on fasse varier. Donc $B\,dy$ qui est la différentielle de $\int B\,dy + X$ en faisant x constant & y variable, sera la même chose que la différentielle de $\int A\,dx + Y$ en supposant aussi y variable & x constant. Donc $B\,dy =$ (Problême précédent) $dy \int \frac{dA}{dy}\,dx + dY$; ou $B = \int \frac{dA}{dy}\,dx + \frac{dY}{dy}$. Je prends maintenant la différentielle de cette quantité en faisant varier x; j'ai $\frac{dB}{dx}\,dx = \frac{dA}{dy}\,dx$, ou $\frac{dB}{dx} = \frac{dA}{dy}$.

XIX.

COROLLAIRE. On démontrera de la même maniere que si $\frac{dB}{dx} = \frac{dA}{dy}$, $A\,dx + B\,dy$ est nécessairement une différentielle complete, c'est-à-dire qu'il y aura quelque fonction de x, algébrique, ou dépendante des quadratures, qui en sera l'intégrale exacte.

XX.

Soit la quantité $x\,dy\,\sqrt{(xx+yy)} + y\,dx\,\sqrt{(xx+yy)}$; je vois qu'elle n'a pas d'intégrale : car la différence de $x\sqrt{(xx+yy)}$ en supposant x variable, y constant, & ôtant dx, est $\sqrt{(xx+yy)} + \frac{xx}{\sqrt{(xx+yy)}}$: celle de

Son application à quelques différentielles.

Premier exemple.

$y\sqrt{(xx+yy)}$ en faiſant varier y, ſuppoſant x conſtant & diviſant par dy, eſt $\sqrt{(xx+yy)}+\frac{yy}{\sqrt{(xx+yy)}}$. Or ces deux différentielles ſont des quantités différentes. Donc la différentielle propoſée n'a point d'intégrale.

XXI.

Second exemple.

Soit maintenant la quantité différentielle $\frac{ydx-xdy}{xx+yy}$, dont on cherche l'intégrale. Pour m'aſſurer ſi cette quantité en a une, ſoit algébrique, ſoit dépendante des quadratures, je prends la différence de $\frac{y}{xx+yy}$ en variant ſeulement y & diviſant par dy. Il me vient $\frac{xx-yy}{(xx+yy)^2}$. Je trouve la même quantité pour la différentielle de $\frac{-x}{xx+yy}$ en faiſant varier ſeulement x & ôtant dx. Donc la propoſée eſt intégrable.

XXII.

Il en eſt de même de toutes les autres différentielles à deux variables, quelque compliquées qu'elles ſoient. On voit tout d'un coup par le ſecours de la méthode précédente ſi elles ſont intégrables ou non : ce qui épargne des opérations ſouvent longues & pénibles, quelquefois même infructueuſes, quand la propoſée n'eſt pas une différentielle exacte.

XXIII.

Application du Théorême aux équations différentielles à deux variables.

Appliquons maintenant le Théorême aux équations différentielles à deux variables. Cette application eſt facile & ſe fait avec le même ſuccès. Ainſi pour ſavoir ſi l'équation

$Adx+$

$A dx + B dy = 0$ eſt une différentielle exacte, il faut examiner ſi $\frac{dA}{dy} = \frac{dB}{dx}$. En ce cas l'équation ſeroit intégrable algébriquement, ou conſtructible par les quadratures; autrement elle ne le ſeroit pas. Nous allons dire maintenant comment ces ſortes de quantités, ou d'équations, s'intégrent.

Maniere d'intégrer les quantités A dx + B dy, *& les équations* A dx + B dy = o, *lorſqu'elles ſont des différentielles exactes.*

XXIV.

Lorſqu'une fois on aura reconnu par le Théorême précédent qu'une différentielle telle que $A dx + B dy$ eſt intégrable, voici la méthode qu'on peut ſuivre pour parvenir à l'intégration. Appliquée 1°. aux différentielles $A dx + B dy$.

J'integre ſeulement l'un des deux membres, $A dx$ par exemple, en y ſuppoſant y conſtant & x variable : l'intégrale étant trouvée, je la différentie en faiſant y variable & x conſtant; je retranche cette différentielle de $B dy$: ſi la différence eſt zéro, c'eſt une marque que $\int A dx$ ſuffit pour l'intégrale de $A dx + B dy$: ſinon la différence ne peut être qu'une quantité compoſée de y, de dy & de conſtantes, dont l'intégrale étant ajoutée à $\int A dx$, la rendra l'intégrale complete de $A dx + B dy$.

XXV.

Soit la différentielle $dx\sqrt{y} + \frac{x\,dy}{2\sqrt{y}} - a\,dy\sqrt[3]{x} -$ Exemple particulier.

$\frac{aydx}{3x^{\frac{2}{3}}}$ que nous reconnoîtrons aisément par le Théorême fondamental être une différentielle exacte; pour l'intégrer suivant la méthode précédente, je prends l'intégrale de $dx\sqrt{y} - \frac{aydx}{3x^{\frac{2}{3}}}$ en supposant y constant : cette intégrale est $x\sqrt{y} - ayx^{\frac{1}{3}} \pm C$. Je différentie cette quantité en faisant x constant & y variable ; j'ai pour différentielle $\frac{xdy}{2\sqrt{y}} - ax^{\frac{1}{3}}dy$; laquelle retranchée de $\frac{xdy}{2\sqrt{y}} - ax^{\frac{1}{3}}dy$ donne zéro. Donc l'intégrale complete de la proposée est $x\sqrt{y} - ayx^{\frac{1}{3}} \pm C$. C'est ce dont on peut se convaincre, si on différentie cette quantité en faisant x & y variables.

XXVI.

2°. Application de cette Méthode aux équations $Adx+Bdy=0$.

La même méthode s'applique aux équations différentielles que le Théorême fondamental nous aura montré être intégrables. Il faudra seulement observer de faire l'intégrale trouvée égale à une constante.

XXVII.

SCHOLIE. Il arrive souvent, comme on l'a déja vu, que l'équation n'étant pas une différentielle complete, on peut la rendre telle en la multipliant par quelque facteur composé de x, de y & de constantes. Dans la suite de cet Ouvrage nous nous servirons du Théorême fondamental pour déterminer ce facteur dans certains cas. On trouve dans les Mémoires de l'Académie, année 1740, une méthode pour découvrir souvent quel peut être ce facteur qui se seroit évanoui en différentiant, à cause de l'égalité à zéro. Cette méthode est des plus ingénieuses ; mais comme elle ne réussit pas toujours, que d'ailleurs le procédé en est assez pénible, nous ne la détaillerons pas ici. On peut la voir dans le Mémoire même que nous venons de citer, dans lequel elle est détaillée d'une maniere exacte & lumineuse. Je passe à l'application du Théorême aux équations différentielles qui renferment plus de deux variables.

§. II. *Application du Théorême fondamental aux équations différentielles qui renferment plus de deux variables.*

XXVIII.

Moyen de s'assurer si les équations representées par $Adx + Bdy + Cdz = o$ sont intégrables.

PREMIERE PROPOSITION. Soit $Adx + Bdy + Cdz = o$ une équation quelconque différentielle contenant trois variables, on s'assurera d'abord si cette équation dans l'état où elle est, ne seroit pas la différentielle exacte de quelque équation à trois variables ; ce qui se découvrira en examinant par le moyen de notre Théorême si $\frac{dA}{dy} = \frac{dB}{dx}$, si $\frac{dA}{dz} = \frac{dC}{dx}$, & si $\frac{dB}{dz} = \frac{dC}{dy}$. Si ces trois équations ont lieu à la fois, la quantité $Adx + Bdy + Cdz$ est une différentielle complete, sinon elle n'en est pas une.

DÉMONSTRATION. Il est évident que $Adx + Bdy + Cdz$ n'a point d'intégrale, si les équations $\frac{dA}{dy} = \frac{dB}{dx}$, $\frac{dA}{dz} = \frac{dC}{dx}$ × $\frac{dB}{dz} = \frac{dC}{dy}$ n'ont pas lieu en même temps. Car si $Adx + Bdy + Cdz$ est une différentielle complete, il faut que $Adx + Bdy$ en soit une en supposant

z conſtant, & faiſant varier x & y, ce qui donne, ſuivant le Théorême fondamental, $\frac{dA}{dy} = \frac{dB}{dx}$. De même ſi $Adx + Bdy + Cdz$ eſt une différentielle complete, il faut que $Adx + Cdz$ en ſoit une en ſuppoſant y conſtant, x & z variables ; donc on aura $\frac{dA}{dz} = \frac{dC}{dx}$. On fera le même raiſonnement ſur $Bdy + Cdz$.

Pour prouver l'inverſe de cette propoſition, ſavoir que ſi les trois équations $\frac{dA}{dy} = \frac{dB}{dx}$, $\frac{dA}{dz} = \frac{dC}{dx}$, $\frac{dB}{dz} = \frac{dC}{dy}$ ont lieu, $Adx + Bdy + Cdz$ eſt une différentielle exacte, il faut faire voir que l'intégrale de $Adx + Bdy$ priſe en faiſant y & z conſtans, ſera, à une fonction près de y & de z, l'intégrale de $Adx + Bdy + Cdz$, où x, y, z ſont variables ; c'eſt ce qu'on trouve de la façon ſuivante.

Je différentie $\int Adx$ en faiſant x, y, z variables ; j'aurai (Article XVI.) $Adx + dy\int \frac{dA}{dy} dx + dz\int \frac{dA}{dz} dx$. Il ne s'agit que de montrer que cette quantité ne differe de la propoſée que par une fonction de y, z, dy, dz, qui ſoit une différentielle complete : c'eſt-à-dire qu'il faut s'aſſurer $Adx - Adx + Bdy - dy\int \frac{dA}{dy} dx + Cdz - dz\int \frac{dA}{dz} dx$, ou en réduiſant que $(B - \int \frac{dA}{dy} dx)\, dy + (C - \int \frac{dA}{dz} dx)\, dz$ eſt une fonction ſans x & une différentielle complete.

Or 1°. ſi $\frac{dA}{dy} = \frac{dB}{dx}$, $\int \frac{dA}{dy} dx$, ou $\int \frac{dB}{dx} dx$ n'eſt que B plus une fonction de y & de z ſans x. Donc $B - \int \frac{dA}{dy} dx$ eſt cette fonction ſans x.

2°. Si $\frac{dA}{dz} = \frac{dC}{dx}$, $\int \frac{dA}{dz} dx$, ou $\int \frac{dC}{dx} dx$ n'eſt que C, plus une fonction de y & de z sans x. Donc $C - \int \frac{dA}{dz} dx$ est cette fonction sans x. Donc $(B - \int \frac{dA}{dy} dx) dy + (C - \int \frac{dA}{dz} dx) dz$ est une quantité sans x.

Il nous reste à prouver qu'elle est une différentielle complete, ou, ce qui revient au même, que $\frac{d(B - \int \frac{dA}{dy} dx)}{dz} = \frac{d(C - \int \frac{dA}{dz} dx)}{dy}$. Pour le prouver je remarque que $\frac{dB}{dz} = \frac{dC}{dy}$ par l'hypothese. Donc en effaçant dans les deux membres de l'équation ce qui se détruit, elle se réduit à $\frac{d(\int \frac{dA}{dy} dx)}{dz} = \frac{d(\int \frac{dA}{dz} dx)}{dy}$. Mais $dy \int \frac{dA}{dy} dx + dz \int \frac{dA}{dz} dx$ est la différentielle de $\int A dx$ en faisant x constant, z & y variables; donc par le Théorême fondamental $\frac{d(\int \frac{dA}{dy} dx)}{dz} = \frac{d(\int \frac{dA}{dz} dx)}{dy}$. Donc $(B - \int \frac{dA}{dy} dx) dy + (C - \int \frac{dA}{dz} dx) dz$ est une différentielle complete : cette même quantité est une fonction sans x. Donc, &c.

Appliquons la proposition précédente à un exemple.

XXIX.

Soit proposée l'équation différentielle $max^{n-\frac{1}{2}} z^{-\frac{1}{2}} y^{m-1} dy + nay^m z^{-\frac{1}{2}} x^{n-\frac{3}{2}} dx - \frac{ay^m z^{-\frac{1}{2}} x^{n-\frac{3}{2}} dx}{2} - \frac{ay^m x^{n-\frac{1}{2}} z^{-\frac{3}{2}} dz}{2} = 0$. Pour que cette différentielle soit intégrable, il faut que les trois équations suivantes aient lieu en même temps. Exemple.

$1^\circ.\ \frac{d\left\{nay^m z^{-\frac{1}{2}} x^{n-\frac{1}{2}} - \frac{ay^m z^{-\frac{1}{2}} x^{n-\frac{1}{2}}}{2}\right\}}{dy} = \frac{d\left(max^{n-\frac{1}{2}} z^{-\frac{1}{2}} y^{m-1}\right)}{dx}$

y seul étant variable dans le premier membre, & x dans le second.

$2^\circ.\ \frac{d\left((n-\frac{1}{2})ay^m z^{-\frac{1}{2}} x^{n-\frac{1}{2}}\right)}{dz} = \frac{d\left(-ay^m x^{n-\frac{1}{2}} z^{-\frac{1}{2}}\right)}{2dx}$

z seul étant variable dans le premier membre, & x dans le second.

$3^\circ.\ \frac{d\left(max^{n-\frac{1}{2}} z^{-\frac{1}{2}} y^{m-1}\right)}{dz} = \frac{d\left(-ay^m x^{n-\frac{1}{2}} z^{-\frac{1}{2}}\right)}{2dy}$

z seul étant variable dans le premier membre & y dans le second. Or les équations ont lieu, puisqu'on a en même temps $\frac{mnay^{m-1} z^{-\frac{1}{2}} x^{n-\frac{1}{2}} dy}{dy} - \frac{amy^{m-1} z^{-\frac{1}{2}} x^{n-\frac{1}{2}} dy}{2dy} = \frac{(n-\frac{1}{2})amy^{m-1} z^{-\frac{1}{2}} x^{n-\frac{3}{2}} dx}{dx}$, $\frac{(\frac{1}{4}-\frac{n}{2})ay^m x^{n-\frac{1}{2}} z^{-\frac{3}{2}} dz}{dz} = \frac{(-n+\frac{1}{2})ay^m x^{n-\frac{3}{2}} z^{-\frac{1}{2}} dx}{2dx}$, & enfin $-\frac{amy^{m-1} x^{n-\frac{1}{2}} z^{-\frac{3}{2}} dz}{2dz} = -\frac{amx^{n-\frac{1}{2}} z^{-\frac{3}{2}} y^{m-1} dy}{2dy}$. Donc l'équation proposée est intégrable. Nous trouverons par la méthode de l'article suivant, que son intégrale est $\frac{ax^n y^m}{\sqrt{xz}} + C = 0$.

XXX.

Intégration des équations différentielles completes à trois variables.

SECONDE PROPOSITION. Lorsque j'ai reconnu que $Adx + Bdy + Cdz = 0$ est intégrable, voici la méthode qu'il faut suivre pour parvenir à l'intégration. J'integre d'abord $A\,dx$ en regardant x comme variable, y & z comme conſtantes. Ce terme étant intégré, ſi la différentielle eſt provenue d'un ſeul terme compoſé de x, y, z & de conſtantes, on aura l'intégrale complete de la propoſée; ſinon il ne pourra manquer à l'intégrale qu'une fonction de y & de z. On trouvera cette fonction de la maniere ſuivante. Je redifférentie la quantité intégrée $\int A\,dx$ en regardant x comme conſtant, y & z comme variables; je retranche la différentielle qui en réſulte de $B\,dy + C\,dz$: le reſte ſera une fonction différentielle de y & z, dont l'intégrale ſera la fonction à ajouter à $\int A\,dx$.

S'il paroiſſoit plus commode d'intégrer d'abord un des deux autres termes $B\,dy + C\,dz$, on en feroit le maître, & l'opération demeureroit la même pour les deux termes reſtants.

XXXI.

En ſuivant cette méthode, on trouvera l'intégrale de l'équation différentielle $\frac{abz^2y^{-1}x^{-\frac{1}{2}}dx}{2} + 2abx^{\frac{1}{2}}y^{-1}zdz - abx^{\frac{1}{2}}z^2y^{-2}dy = 0$ que nous reconnoîtrons (Art. XXVIII.) être intégrable. Le premier terme intégré en traitant x ſeul comme variable eſt $abz^2y^{-1}x^{\frac{1}{2}} + C$; & l'on voit au premier coup d'œil, que c'eſt l'intégrale complete de la propoſée. Application à un exemple particulier.

XXXII.

Qu'on nous demande ſi l'équation différentielle ſuivante Second Exemple.
$abx^{-1}dz + \frac{bxydy - by^2dx}{x^2\sqrt{(xx+yy)}} - \frac{abzdx}{xx} = 0$ eſt intégrable

& quelle en eſt l'intégrale, il ſera facile d'appliquer la méthode précédente à cette différentielle.

J'examine d'abord ſi l'on a les trois équations ſuivantes : 1°. $d\left\{\frac{abx^{-1}}{dx}\right\} = d\frac{\left\{\frac{-by^2}{x^2\surd(xx+yy)} - \frac{abz}{xx}\right\}}{dz}$, x ſeul variant dans le premier nombre, & z ſeul dans le ſecond; 2°. $d\left\{\frac{abx^{-1}}{dy}\right\} = d\frac{\left\{\frac{bxy}{x^2\surd(xx+yy)}\right\}}{dz}$, y ſeul variant dans le premier membre & z ſeul dans le ſecond; 3°. $d\frac{\left\{\frac{by}{x\surd(xx+yy)}\right\}}{dx} = d\frac{\left\{\frac{-by^2 - abz\surd(xx+yy)}{x^2\surd(xx+yy)}\right\}}{dy}$, x ſeul variant dans le premier membre, & y ſeul dans le ſecond. Or en différentiant ſuivant les conditions preſcrites, je trouve que les trois équations précédentes ont lieu; donc l'équation propoſée eſt intégrable.

Cherchons maintenant quelle eſt ſon intégrale. Suivant ce qui eſt dit (Art. XXX.) je prends d'abord celle de $abx^{-1}dz$ en ſuppoſant x conſtant; j'ai $\frac{abz}{x} \pm C$. Je différentie cette quantité en traitant z comme conſtant & x comme variable; j'ai $-\frac{abzdx}{xx}$ que je retranche des trois autres termes de la propoſée. Il me reſte après cette opération $\frac{bxydy - by^2dx}{x^2\surd(xx+yy)}$ dont l'intégrale ajoutée à la quantité $\frac{abz}{x}$ ſera l'intégrale complete de la propoſée. Pour intégrer (N) $\frac{bxydy - by^2dx}{x^2\surd(xx+yy)}$, je me ſers de la méthode expoſée (Art. XXIV.) j'integre le premier terme $\frac{bydy}{x\surd(xx+yy)}$ en ſuppoſant x conſtant : l'intégrale eſt $\frac{b\surd(xx+yy)}{x} + A$. Je la différentie en ſuppoſant x ſeule variable; la différentielle

tielle eſt $\frac{-by^2dx}{x^2\sqrt{(xx+yy)}}$: laquelle retranchée du ſecond terme de la propoſée (N) donne zéro. Donc $\int\frac{bxydy-by^2dx}{x^2\sqrt{(xx+yy)}} = \frac{b\sqrt{(xx+yy)}}{x} + A$. Donc enfin l'intégrale de l'équation $\frac{abdz}{x} + \frac{bxydy-by^2dx}{x^2\sqrt{(xx+yy)}} - \frac{abzdx}{xx} = 0$ eſt $\frac{abz+b\sqrt{(xx+yy)}}{x} + B = 0$.

XXXIII.

Suppoſons préſentement qu'on ait découvert par la méthode de l'Article XXVIII. que l'équation $Adx + Bdy + Cdz = 0$, dans l'état où elle eſt, n'eſt point une différentielle exacte, on cherchera quel eſt le facteur, qui multipliant tous les termes de cette équation la rendroit une différentielle complete.

Quand une équation différentielle à trois variables n'eſt pas complete, on peut quelquefois la rendre telle en la multipliant par un facteur commun à tous ſes termes.

Je nomme μ ce facteur commun à tous les termes de l'équation, & dont l'addition la rend une différentielle complete; alors $\mu Adx + \mu Bdy + \mu Cdz$ ſera une différentielle complete. Par conſéquent j'aurai les trois équations ſuivantes :

$$\frac{Ad\mu}{dy} + \frac{\mu dA}{dy} = \frac{Bd\mu}{dx} + \frac{\mu dB}{dx};$$
$$\frac{Ad\mu}{dz} + \frac{\mu dA}{dz} = \frac{Cd\mu}{dx} + \frac{\mu dC}{dx};$$
$$\frac{Bd\mu}{dz} + \frac{\mu dB}{dz} = \frac{Cd\mu}{dy} + \frac{\mu dC}{dy}.$$

Il ne s'agit maintenant que de donner à μ une forme aſſez générale avec des coefficiens indéterminés, pour que cette quantité étant ſubſtituée dans les trois équations précédentes, en faſſe évanouir tous les termes.

Mais avant que de chercher cette forme générale pour μ, il eſt néceſſaire d'avertir que ſouvent on la chercheroit

Il y a une infinité d'équations différentielles à

trois variables qui n'ont point d'intégrales.

inutilement, parce qu'il y a une infinité d'équations différentielles à trois variables qui n'ont point d'intégrales.

XXXIV.

Premiere démonstration.

Pour le prouver je reprends les trois équations précédentes,

$$\frac{A d\mu}{dy} + \frac{\mu dA}{dy} = \frac{B d\mu}{dx} + \frac{\mu dB}{dx};$$
$$\frac{A d\mu}{dz} + \frac{\mu dA}{dz} = \frac{C d\mu}{dx} + \frac{\mu dC}{dx};$$
$$\frac{B d\mu}{dz} + \frac{\mu dB}{dz} = \frac{C d\mu}{dy} + \frac{\mu dC}{dy}.$$

J'en fais évanouir les grandeurs $\frac{d\mu}{dx}$, $\frac{d\mu}{dy}$, $\frac{d\mu}{dz}$, qui sont des quantités finies; puisque $\frac{d\mu}{dx}$ &c. exprime le rapport de $d\mu$ à dx, à dy, à dz; rapport qui est toujours fini. Je les fais donc évanouir de la même maniere dont on fait évanouir trois inconnues ordinaires; il arrivera que μ s'évanouira en même temps, ce qu'il est aisé de voir par le calcul suivant. Des trois équations précédentes on tire $\frac{d\mu}{dy} = \dfrac{\frac{B d\mu}{dx} + \frac{\mu dB}{dx} - \frac{\mu dA}{dy}}{A}$ & aussi $\frac{d\mu}{dy} = \dfrac{\frac{B d\mu}{dz} + \frac{\mu dB}{dz} - \frac{\mu dC}{dy}}{C}$. Donc $\frac{AB d\mu}{dz} + \frac{A \mu dB}{dz} - \frac{A \mu dC}{dy} = \frac{CB d\mu}{dx} + \frac{C\mu dB}{dx} - \frac{C\mu dA}{dy}$. D'ailleurs on a $\frac{d\mu}{dx} = \dfrac{\frac{A d\mu}{dz} + \frac{\mu dA}{dz} - \frac{\mu dC}{dx}}{C}$. Substituant cette valeur de $\frac{d\mu}{dx}$ dans l'équation précédente, elle devient $\frac{AB d\mu}{dz} + \frac{A\mu dB}{dz} - \frac{A\mu dC}{dy} = \frac{AB d\mu}{dz} + \frac{B\mu dA}{dz} - \frac{B\mu dC}{dx} + \frac{C\mu dB}{dx} - \frac{C\mu dA}{dy}$. Je réduis cette équation, je la divise par μ qui se trouve en multiplier tous les termes, après qu'on aura effacé ceux qui se détruisent; j'aurai $\frac{B dC}{dx} - \frac{C dB}{dx}$

$+\frac{AdB}{dz}-\frac{BdA}{dz}-\frac{AdC}{dy}+\frac{CdA}{dy}=0$, équation qui nous apprend que C, A, B, doivent avoir entre eux la relation exprimée par cette équation pour que la proposée $Adx+Bdy+Cdz=0$ soit intégrable.

XXXV.

Leur différence en cela, des équations à deux variables.

Il n'en est donc pas des équations différentielles à trois variables comme de celles qui n'en ont que deux : car on est fondé à croire (ou du moins on n'a pas démontré le contraire jusqu'à présent) que toute équation différentielle à deux variables se tire de la différentiation de quelque équation en termes finis, au lieu que la démonstration précédente apprend qu'il y a une infinité d'équations à trois variables qui ne peuvent pas être venues par la différentiation d'aucune équation en termes finis.

XXXVI.

Qui expriment toujours une courbe dont la construction est possible.

Il y a plus : sans examiner si les équations différentielles à deux variables viennent de la différentiation de quelque équation en termes finis, il est aisé de prouver qu'elles expriment toujours une courbe dont la construction est possible.

Car soit toute équation différentielle à deux variables représentée par $sdx=rdy$ (s & r étant des fonctions de x, de y & de constantes) ; prenons deux lignes à volonté AB (x) & BC (y) ; nous aurons par conséquent $Bb=dx$, $cc'=dy=\frac{sdx}{r}$. Prenons ensuite une ligne bb' à volonté pour un second dx, on aura $c'c'' = dy = \frac{s\,dx}{r}$, s & r étant des fonctions de Ab & bc'; & ainsi de suite; tous les points c, c'' appartiendront à la courbe de l'équation donnée. Il est vrai qu'on ne peut exécuter cette opération; mais il suffit de l'imaginer exécutée, pour démontrer que toute équation différentielle à deux variables exprime toujours quelque courbe constructible.

XXXVII.

Il n'en est pas ainsi des équations différentielles à trois variables. Toutes celles dans lesquelles l'équation $\frac{BdC}{dx} - \frac{CdB}{dx} + \frac{AdB}{dz} - \frac{BdA}{dz} - \frac{AdC}{dy} + \frac{CdA}{dy} = 0$ n'a pas lieu, ne peuvent être construites en aucune maniere, & les Problêmes dont la solution dépendroit d'équations pareilles, seroient impossibles.

Cette proposition peut encore se démontrer d'une autre maniere indépendante de toute intégration.

Seconde démonstration. Que plusieurs équations différentielles à trois variables ne peuvent avoir aucune construction.

Soit $dz = \omega dx + \vartheta dy$ une équation quelconque à trois variables, ω & ϑ étant des fonctions quelconques de x, y, z, avec des constantes; qu'on se propose de trouver la surface courbe exprimée par cette équation.

Figure 3. Cette démonstration se fait par le moyen des surfaces courbes.

Soit AP l'axe des x, AQ celui des y, AR celui des z. Soient de plus PN la tranche de la surface courbe par un plan perpendiculaire à l'axe des x, & QN la tranche de la surface courbe par un plan perpendiculaire à l'axe des y; l'équation de la tranche PN sera $dz = \vartheta dy$, & celle de la tranche QN sera $dz = \omega dx$.

Imaginons maintenant que $q\nu$ & pn ſoient deux autres tranches de la ſurface courbe par des plans infiniment près & paralleles aux premiers ; on verra pour lors que ſi l'équation $dz = \omega dx + \vartheta dy$ exprime une ſurface courbe poſſible, il faudra que les deux courbes $q\nu$, pn, ſe rencontrent en un point l de la droite kl, ſection des deux plans $q\mu\nu$, pmn ; c'eſt-à-dire qu'il faudra que l'équation de la courbe $q\nu l$ ſoit telle, qu'en y faiſant $x = qk$, on ait pour z la même valeur qu'en faiſant dans l'équation de la courbe pnl, $y = pk$.

Pour examiner ſi cela eſt, il faut chercher 1°. la valeur de lk priſe pour une ordonnée de la courbe pnl ; & pour cela conſidérer lk comme ce qu'eſt devenue $\nu\mu$, lorſque AP eſt devenue Ap ; NM, nm ; PM demeurant la même. C'eſt-à-dire que dans la valeur de $\mu\nu = z + \vartheta dy$, il faudra mettre au lieu de z, nm, ou $z + \omega dx$, & au lieu de ϑ, ce que devient cette fonction, ſi l'on y ſubſtitue $x + dx$ pour x & $z + \omega dx$ pour z. Par cette opération on aura $lk = z + \omega dx + \vartheta dy + \frac{d\vartheta}{dx} dx dy + \frac{d\vartheta}{dz} \omega dx dy$.

On cherchera 2°. la valeur de lk priſe pour ordonnée de la courbe $q\nu$; & pour l'avoir, on ſubſtituera dans $nm = z + \omega dx$, $\nu\mu$, ou $z + \vartheta dy$ au lieu de z, & dans la fonction ω on ſubſtituera pour y, $y + dy$, & pour z, $z + \vartheta dy$, x demeurant conſtant. Par cette voye on aura $lk = z + \vartheta dy + \omega dx + \frac{d\omega}{dy} dy dx + \frac{d\omega}{dz} \vartheta dy dx$. Donc $z + \omega dx + \vartheta dy + \frac{d\vartheta}{dx} dx dy + \frac{d\vartheta}{dz} \omega dx dy = z + \vartheta dy$,

$+ \omega dx + \frac{d\omega}{dy} dy dx + \frac{d\omega}{dz} \vartheta dy dx$; ou bien en réduisant $\frac{d\vartheta}{dx} + \omega \frac{d\vartheta}{dz} = \frac{d\omega}{dy} + \vartheta \frac{d\omega}{dz}$. Donc il faut que cette équation ait lieu, pour que celle-ci $dz = \omega dx + \vartheta dy$ exprime une surface courbe possible.

XXXVIII.

COROLLAIRE. Il suit de là que l'équation $\frac{d\vartheta}{dx} + \omega \frac{d\vartheta}{dz} = \frac{d\omega}{dy} + \vartheta \frac{d\omega}{dz}$ doit être la même que l'équation $\frac{BdC}{dx} - \frac{CdB}{dx} + \frac{AdB}{dz} - \frac{BdA}{dz} - \frac{AdC}{dy} + \frac{CdA}{dy} = 0$; c'est ce qu'il est aisé de vérifier : car puisque l'équation $dz = \omega dx + \vartheta dy$ est la même que $Adx + Bdy + Cdz = 0$, ou que $dz = -\frac{Adx}{C} - \frac{Bdy}{C}$, il faut que $\omega = -\frac{A}{C}$, & que $\vartheta = -\frac{B}{C}$, $d\omega = \frac{AdC - CdA}{CC}$, $d\vartheta = \frac{BdC - CdB}{CC}$. Donc en substituant ces valeurs dans l'équation $\frac{d\vartheta}{dx} + \omega \frac{d\vartheta}{dz} = \frac{d\omega}{dy} + \vartheta \frac{d\omega}{dz}$, on aura l'équation $\frac{BdC}{CCdx} - \frac{CdB}{CCdx} + \frac{AdB}{CCdz} - \frac{ABdC}{C^3dz} = \frac{AdC}{CCdy} - \frac{CdA}{CCdy} + \frac{BdA}{CCdz} - \frac{ABdC}{C^3dz}$, & en réduisant $\frac{BdC}{dx} - \frac{CdB}{dx} + \frac{AdB}{dz} = \frac{AdC}{dy} - \frac{CdA}{dy} + \frac{BdA}{dz}$, la même que nous avons trouvée plus haut.

XXXIX.

SCHOLIE. Il est évident maintenant que lorsque l'équation $\frac{BdC}{dx}$ — &c. n'a pas lieu, la proposée $Adx + Bdy + Cdz = 0$, n'exprime aucune surface courbe; mais pour être certain que la surface courbe est possible, si l'équation $\frac{BdC}{dx}$ — &c. a lieu, il faut s'assurer que toutes les fois que l'on a cette équation, on a le même x, soit qu'on le prenne dans la tranche des y & des x, soit qu'on le prenne dans la tranche des z & des x.

Pour reconnoître que cela sera ainsi, il faut observer que le calcul qui exprimeroit cette nouvelle condition, ne différeroit de celui que nous venons de faire, qu'en ce qu'on auroit des x au lieu des z, & C au lieu de A. Si donc on pratique cette opération, l'équation $\frac{BdC}{dx} - \frac{CdB}{dx} + \frac{AdB}{dz} - \frac{BdA}{dz} - \frac{AdC}{dy} + \frac{CdA}{dy} = 0$ deviendra celle-ci $\frac{BdA}{dz} - \frac{AdB}{dz} + \frac{CdB}{dx} - \frac{BdC}{dx} - \frac{CdA}{dy} + \frac{AdC}{dy} = 0$; qui est la même absolument que la précédente, en changeant les signes & transposant.

Par cette voie l'on démontreroit aussi qu'on trouveroit le même y en le cherchant soit dans la tranche des y & des z, soit dans la tranche des x & des y.

X L.

Après avoir donné la méthode qui nous fera reconnoître celles d'entre les équations différentielles à trois variables qui ne peuvent être ni intégrées ni construites, il faut apprendre à déterminer le facteur qui rendra completes celles qui sont susceptibles d'intégration ou de construction; mais auparavant il est nécessaire de faire les remarques suivantes qui suivent de la différentiation des quantités.

Maniere de trouver le facteur qui peut rendre complete une équation différentielle à trois variables, lorsqu'elle est susceptible d'intégration ou de construction.

On remarquera d'abord que la plupart des fonctions qui n'ont pas un certain facteur commun à tous leurs termes, n'ont pas non plus ce même facteur à leurs différentielles.

On remarquera en ſecond lieu que ſi une fonction a un dénominateur, ſa différentielle aura auſſi un dénominateur qui ſera un multiple de celui de l'intégrale.

D'après ces obſervations, mettons au lieu de μ, $\frac{P}{Q}$, P & Q étant deux fonctions ſans diviſeurs, P ſera un facteur de la fonction φ cherchée, dont la différence eſt $\frac{PA}{Q}dx + \frac{PB}{Q}dy + \frac{PC}{Q}dz$, & Q contiendra le dénominateur de la même fonction φ.

J'imagine que la différentielle eſt diviſée par l'intégrale, P s'en ira du numérateur & Q ſe diviſera par le dénominateur. Il ne reſtera par conſéquent après ſa diviſion, pour le dénominateur commun à tous les termes, qu'une fonction R d'un degré de plus que celui de A, B, C: nous diſons d'un degré de plus, parce que la quantité $\frac{Adx + Bdy + Cdz}{R}$ qui vient par cette diviſion, eſt égale à $\frac{d\varphi}{\varphi}$, ou à la différence du logarithme de la fonction cherchée, & que par conſéquent elle doit être d'un degré au deſſous de l'unité.

Pour trouver R, on le prendra égal à la fonction poſitive, c'eſt-à-dire ſans diviſeurs, la plus générale d'un degré au deſſus de A, avec des coefficiens indéterminés; s'il y a des radicaux dans A, B, C, il faut auſſi qu'ils entrent dans R, en ſe combinant avec x, y, z, de toutes les manieres poſſibles.

On fera enſuite les trois équations ſuivantes:

$$\frac{RdA}{dy} - \frac{AdR}{dy} = \frac{RdB}{dx} - \frac{BdR}{dx},$$

$\frac{RdB}{dx}$

$$\frac{R\,dB}{dz} - \frac{B\,dR}{dz} = \frac{R\,dC}{dy} - \frac{C\,dR}{dy},$$

$$\frac{R\,dA}{dz} - \frac{A\,dR}{dz} = \frac{R\,dC}{dx} - \frac{C\,dR}{dx},$$

afin de déterminer par leurs ſecours les coefficiens indéterminés de la fonction R. Mais entre ces trois équations on choiſira les deux qui paroîtront donner moins de calcul, la troiſieme étant inutile. Car il eſt aiſé de voir que ſi l'on s'eſt aſſuré au moyen de l'équation $B\frac{dC}{dx} - C\frac{dB}{dx} +$ &c. que l'équation $A\,dx + B\,dy + C\,dz = 0$ eſt poſſible, il arrivera que la fonction R qui convient à deux des trois équations précédentes conviendra auſſi à la troiſieme.

Après avoir déterminé par le ſecours de ces deux équations les coefficiens de R, & par conſéquent R même, on intégrera $\frac{A\,dx + B\,dy + C\,dz}{R}$, par la méthode de l'article XXX. pour intégrer une différentielle qu'on ſait être exacte. Enſuite on égalera l'intégrale trouvée à une conſtante, & l'on aura l'intégrale de la propoſée.

XLI.

Appliquons maintenant le Théorême aux quantités & aux équations différentielles qui renferment quatre, cinq &c. variables. Application du Théorême aux différentielles qui ont 4, 5, &c. variables.

Soit la différentielle $A\,dx + B\,dy + C\,dz + D\,du + E\,ds +$ &c. dans laquelle A, B, C, D, E, &c. expriment des fonctions de x, y, z, u, s, & de conſtantes; pour que cette quantité faſſe une différentielle exacte, il faudra que deux des termes quelconques de cette quantité faſſent toujours une différentielle complete, en ne regardant comme variables que les deux ſeules lettres dont les différentielles ſe trouvent dans ces deux termes. On aura donc autant d'équations comme $\frac{dA}{dy} = \frac{dB}{dx}$, $\frac{dA}{dz} = \frac{dC}{dx}$ &c. à vérifier, qu'il y a de manieres de combiner deux à deux les fonctions A, B, C, &c. Si ces équations ont lieu, la propoſée ſera intégrable; autrement elle ne le ſera pas. Dans le premier cas le procédé à ſuivre pour en trouver l'intégrale ſera le même à peu près que celui que nous avons pratiqué, (Art. XXX.) pour les différentielles à trois variables; il n'y aura de différence que dans la longueur du Calcul.

XLII.

Procédé pour les équations à 4, 5, &c. variables.

Méthode pour s'aſſurer ſi elles peuvent devenir completes, lorſqu'elles ne le ſont pas.

Nombre d'équations à vérifier.

A l'égard des équations telles que $Adx + Bdy + Cdz + Ddu + Eds +$ &c. $= 0$ qui repréſente une équation quelconque compoſée de x, y, z, u, s, &c. avec leurs différentielles & des conſtantes; on verra d'abord ſi cette équation dans l'état où elle eſt propoſée, eſt une différentielle complete, & la maniere de s'en aſſurer ſera de vérifier autant d'équations $\frac{dA}{dy} = \frac{dB}{dx}$, $\frac{dA}{dz} = \frac{dC}{dx}$ &c. qu'il y a de façons poſſibles de combiner deux à deux les lettres A, B, C, D, E, &c. Si l'équation propoſée n'eſt pas une différentielle complete, il faut examiner ſi elle peut le devenir. Pour faire cet examen je prends à volonté trois termes de la propoſée, & les égalant à zéro, je vois s'ils forment une équation poſſible, en obſervant toutefois d'y regarder comme conſtantes toutes les lettres, excepté les trois dont les différentielles se trouvent dans ces trois termes. Donc en pratiquant ce qui a été dit (Art. XXXIV.) pour les équations à trois variables, on voit aisément qu'on aura autant d'équations à vérifier comme $\frac{BdC}{dx} - \frac{CdB}{dx} + \frac{AdB}{dz} - \frac{BdA}{dz} - \frac{AdC}{dy} + \frac{CdA}{dy} = 0$, qu'il aura de manieres de combiner trois à trois les fonctions A, B, C, D, E, &c. Lorsque toutes les équations de la même nature que la précédente, venues par la combinaison des termes $Adx + Bdy + Cdz + Ddu +$ &c. pris trois à trois, auront en même temps lieu, on pourra rendre l'équation proposée une différentielle complete.

XLIII.

REMARQUE. On peut cependant abreger le nombre de ces équations à vérifier, parce que quelques-unes suivent nécessairement des autres. Pour le prouver je prends l'équation à quatre variables $Adx + Bdy + Cdz + Ddu = 0$. Cette équation par la combinaison des quatre lettres A, B, C, D prises trois à trois me donnent les quatre équations suivantes :

Ce nombre peut quelquefois se diminuer.

Preuve sur une équation à quatre variables.

1°. $Adx + Bdy + Cdz = 0$

2°. $Adx + Bdy + Ddu = 0$

3°. $Adx + Cdz + Ddu = 0$

4°. $Bdy + Cdz + Ddu = 0$

De la premiere équation on tire en suivant le calcul de l'Article XXXIV. $\frac{BdC}{dx} - \frac{CdB}{dx} + \frac{AdB}{dz} - \frac{BdA}{dz} - \frac{AdC}{dy} + \frac{CdA}{dy} = 0$; la seconde nous donne en suivant le même calcul $\frac{BdD}{dx} - \frac{DdB}{dx} + \frac{AdB}{du} - \frac{BdA}{du} - \frac{AdD}{dy} + \frac{DdA}{dy} = 0$; la troisieme nous donne $\frac{CdD}{dy} - \frac{DdC}{dy} + \frac{AdC}{du} - \frac{CdA}{du} - \frac{AdD}{dz} + \frac{DdA}{dz} = 0$; & enfin on tire de la quatrieme, $\frac{CdD}{dy} - \frac{DdC}{dy} + \frac{BdC}{du} - \frac{CdB}{du} - \frac{BdD}{dz} + \frac{DdB}{dz} = 0$.

Or on voit aiſément que ſi on prend trois de ces équations à volonté, la quatrieme s'enſuit néceſſairement ; donc pour s'aſſurer ſi une équation à quatre variables peut devenir complete, il ſuffira de vérifier trois des équations de condition qu'elle donne.

XLIV.

COROLLAIRE. En faiſant le même raiſonnement ſur les équations à cinq variables, on verra que des dix équations de condition que donne la combinaiſon des fonctions A, B, C, D, E, priſes trois à trois, ſix ſuffiront pour déterminer ſi l'intégration ou la conſtruction eſt poſſible. De même ſi la propoſée avoit ſix variables, telles que la ſuivante $Adx + Bdy + Cdz + Ddu + Eds + Fdr = 0$, des vingt équations de condition que donne la combinaiſon des ſix lettres A, B, C, D, E, F, priſes trois à trois, il ſuffira d'en vérifier dix.

Donc en général le nombre des variables contenues dans une équation différentielle étant m, le nombre d'équations néceſſaires à vérifier pour ſavoir ſi la propoſée peut devenir complete, ſera ce que le nombre $m - 1$ peut donner de combinaiſons deux à deux ; c'eſt-à-dire $\frac{(m-1).(m-2)}{2}$.

XLV.

Lorſque par les procédés que nous venons d'indiquer on aura reconnu que les équations à trois, quatre, cinq, &c. variables peuvent être rendues completes, il faudra chercher le facteur qui doit pour cela multiplier tous les termes de l'équation. Nous ne détaillerons pas ici la méthode de trouver ce facteur; le lecteur qui ſera curieux de la connoître la trouvera dans le mémoire que nous avons déja cité dans ce Chapitre.

XLVI.

Maintenant on eſt en état de s'aſſurer ſi une quantité ou une équation différentielle eſt intégrable ou non; & l'on voit que cette connoiſſance doit épargner beaucoup de peines ſouvent inutiles. Avant que de commencer le détail des méthodes particulieres, il eſt bon d'obſerver qu'il y a des équations différentielles qui ont une intégrale algébrique, d'autres qu'on ne peut intégrer algébriquement, mais dont on parvient à ſéparer les indéterminées. Nous allons d'abord examiner comment on conſtruit les équations dans leſquelles les indéterminées ſont ſéparées; enſuite nous traiterons des différentielles qui s'intégrent en les multipliant ou les diviſant par des fonctions de leurs indéterminées, ou en opérant ſur elles par les transformations enſeignées dans le ſecond Chapitre de la premiere Partie. De là nous détaillerons les méthodes différentes de ſéparer les indéterminées dans les équations différentielles.

CHAPITRE III.

De la construction des équations différentielles dans lesquelles les indéterminées sont séparées.

XLVII.

Ce qu'il faut faire avant que de construire l'équation.

LEMME. DAns une équation différentielle qu'on veut construire, il faut d'abord mettre d'un côté les dx & de l'autre les dy; alors l'équation sera de cette forme $Xdx = Ydy$ (X exprimant une fonction quelconque de x, & Y une fonction quelconque de y). Quand les deux membres de cette équation ne sont pas intégrables, alors on la construit par les quadratures : nous allons donner la méthode qu'il faut suivre pour cela. Mais nous observerons auparavant de quelle maniere on trouve le nombre des dimensions d'une quantité quelconque X, formée de x & de constantes. Par exemple, ax^3 est de quatre dimensions, de même que $ax^3 + b^2x^2$; $\sqrt{(x^4 + c^3x)}$ est de deux; $\frac{ax^3 + b^2x^2 + g^2\sqrt{(x^4 + c^3x)}}{\sqrt{(ex + ff)}}$ est de trois, parce que le numérateur est de quatre & le dénominateur de une; & ainsi de suite.

XLVIII.

Procédé pour faire la construction.

PROBLEME. Construire une équation différentielle dans laquelle les indéterminées sont séparées.

SOLUTION. Je prends le nombre des dimensions de

X & de Y, nombre qui doit être le même. Si tous les termes n'avoient pas en apparence la même dimension, ils doivent être censés l'avoir, parce que ceux qui ont la plus petite dimension, doivent être censés multipliés par une puissance convenable d'une ligne constante, qu'on prend pour l'unité.

Soit le nombre des dimensions représenté par n, je divise mon équation par a^n (a est une constante quelconque.) J'ai donc $\frac{Ydy}{a^n} = \frac{Xdx}{a^n}$. Pour construire cette équation, soient AP, AQ perpendiculaires l'une à l'autre, soit une courbe EK telle que . . . . . $AP = x$ Figure 4.

$$PK = \frac{X}{a^{n-1}},$$

l'aire de la courbe . . . . $APKE = \int \frac{Xdx}{a^{n-1}}$.

Soit encore la courbe TD, telle qu'on ait $AQ = y$

$$QT = \frac{Y}{a^{n-1}},$$

l'aire de la courbe . . . . . . $AQTD = \int \frac{Ydy}{a^{n-1}}$.

Maintenant supposons qu'on ait . . . $au = \int \frac{Xdx}{a^{n-1}}$,

on en tirera . . . . $u = \int \frac{Xdx}{a^n}$,

ensuite on tracera une courbe GN telle que $PN = u$;

supposons de même que . . . . . . $at = \int \frac{Ydy}{a^{n-1}}$,

on aura. . . . . $t = \int \frac{Ydy}{a^n}$;

& soit la courbe SO telle que . . . $SQ = t$.

Il faut donc que $t = u$.

Ayant pris $AH = QS$, on menera AI sous un angle

de 45° ; puis tirant HI parallele à AQ, du point I on menera IN parallele à AP qui déterminera le point N, tel que $PN(u) = QS\ (t)$, & par conséquent $\int \frac{Xdx}{a^n} = \int \frac{Ydy}{a^n}$. Donc si on prolonge SQ & PN jusqu'à ce qu'elles se rencontrent en M, le point M sera à la courbe qu'exprime l'équation proposée.

XLIX.

REMARQUE 1. Quelquefois il est nécessaire d'ajouter une constante ; c'est la nature du Problême qui doit servir à la déterminer : on n'ajoutera cette constante que d'un seul côté ; car il seroit inutile d'en ajouter des deux côtés à la fois, puisque l'on pourroit regarder ces deux constantes comme n'en faisant qu'une.

L.

REMARQUE 2. Si l'un des deux membres de l'équation différentielle proposée étoit intégrable, alors ce membre dépendroit d'une courbe quarrable, & l'autre membre se construiroit de la maniere que nous venons d'exposer. Par exemple, si l'on avoit l'équation $dx\sqrt{px} = Ydy$ (Y exprimant une fonction de y, telle que le second membre ne soit pas intégrable algébriquement) l'intégration de cette équation donne $\frac{2x\sqrt{px}}{3} = \int Ydy$. On auroit le premier membre en traçant une parabole dont l'équation seroit $yy = px$, & l'autre membre se construiroit comme dans le Problême.

CHAPITRE

CHAPITRE IV.

De la séparation des indéterminées dans les équations différentielles par les regles ordinaires de l'Algebre, ou par de simples transformations.

L I.

IL est aisé de sentir qu'en séparant les indéterminées dans une équation différentielle, on la réduit aux cas de la premiere Partie ; puisqu'alors on peut regarder chaque membre de l'équation, comme une différentielle particuliere qui ne contient qu'une variable. C'est cette opération que nous allons maintenant pratiquer ; d'abord pour des équations différentielles assez simples ; nous passerons ensuite aux plus composées.

L I I.

Exemples de cette séparation par les regles ordinaires de l'Algebre.

Premier exemple.

1°. Si on avoit des équations de la forme suivante $aaxdx + yyxdx = ydy\sqrt{(xx+ff)}$, qui équivaut à la suivante $(aa+yy) . xdx = ydy\sqrt{(xx+ff)}$; on verroit au premier coup d'œil que les indéterminées s'y séparent par une simple division : car on a $\frac{xdx}{\sqrt{(xx+ff)}} = \frac{ydy}{aa+yy}$; dont l'intégrale est, comme on le sait, $(xx+ff)^{\frac{1}{2}} = l(aa+yy)^{\frac{1}{2}} + C$.

LIII.

Second exemple.

De même l'équation $\frac{xdx}{\sqrt[5]{(a^5+y^5)}} = \frac{ydy}{\sqrt[4]{(b^4-x^4)}}$ devient par la ſeule multiplication $xdx \cdot (b^4 - x^4)^{\frac{1}{4}} = ydy \cdot (a^5+y^5)^{\frac{1}{5}}$; équation dans laquelle les indéterminées ſont ſéparées, & que l'on conſtruira par la méthode enſeignée plus haut.

LIV.

Troiſieme exemple.

Que j'aie $xxdx^2 + xydxdy = aady^2$; je remarque que le premier membre de cette équation ſeroit un quarré, s'il y avoit de plus $\frac{yydy^2}{4}$. J'ajoute donc de part & d'autre cette quantité, & l'équation devient $xxdx^2 + xydxdy + \frac{yydy^2}{4} = aady^2 + \frac{yydy^2}{4}$. Je prends la racine quarrée, ce qui me donne $xdx + \frac{ydy}{2} = \pm dy \times \left\{\frac{yy}{4} + aa\right\}^{\frac{1}{2}}$; équation dans laquelle les indéterminées ſont ſéparées. L'intégrale de cette équation eſt $\frac{xx}{2} + \frac{yy}{4} \mp \int\left\{dy\sqrt{\left(\frac{yy}{4}+aa\right)}\right\} + C = 0$, dont la partie qui eſt ſous le ſigne $\int$ dépend de la quadrature d'une hyperbole équilatere par rapport à ſon ſecond axe, l'origine des coordonnées étant au centre de la courbe.

Il en eſt ainſi d'un grand nombre d'autres équations différentielles qu'il eſt inutile de détailler ici.

LV.

Exemples de cette même ſéparation par

2°. Pour ſéparer les indéterminées dans l'équation ſuivante $adx = ydy - xdy$; on fera $y - x = z$, ou $y =$

$z+x$; $dy=dz+dx$. Après les substitutions, l'équation proposée deviendra $adx=zdz+zdx$; ou $adx-zdx=zdz$. Donc en divisant par $a-z$, on a $dx=\frac{zdz}{a-z}$; équation dans laquelle les indéterminées sont séparées; & qui a pour intégrale $x=a-z+l(a-z)^{-a}+C$. Remettant pour z sa valeur $y-x$, on aura $x=a-y+x+l\frac{1}{(a-y+x)^a}+C$ pour l'intégrale cherchée. On verra d'ailleurs plus bas une méthode pour intégrer cette équation sans transformation. Voyez le Chap. VII.

des transformations.

Premier exemple.

LVI.

Second exemple.

Soit l'équation $aadx=x^2dy+2xydy+yydy$; je fais $x+y=z$: j'en tire $dx+dy=dz$. La proposée devient donc $aadz-aady=z^2dy$; c'est-à-dire $\frac{aadz}{zz+aa}=dy$: j'integre maintenant, & j'ai $y=\int\frac{aadz}{zz+aa}$; le second membre dépendant (Art. CVII. de la Ire Partie,) de la quadrature du cercle.

LVII.

Troisieme exemple.

Si la proposée étoit $(xdy+ydx)\times(a^4-xxyy)^{\frac{1}{2}}=\frac{xdx+ydy}{(xx+yy)^{\frac{1}{2}}}$, je remarque que dans le premier membre de cette équation $xdy+ydx$ est la différentielle de xy & que le quarré de cette intégrale se trouve dans la quantité sous le signe. Je fais donc $xy=z$, & j'ai pour premier membre de ma transformée $dz.(a^4-zz)^{\frac{1}{2}}$ qui est tel que je le demande. Je vois de plus que dans le second membre de l'équation le numérateur eſt la moitié de la différentielle de $xx+yy$, quantité qui ſe trouve ſous le ſigne au dénominateur : je ſuppoſe donc $\frac{xx+yy}{2}=t$; & ma transformée entiere eſt $dz.(a^4-zz)^{\frac{1}{2}}=\frac{dt}{\sqrt{2t}}$ dans laquelle les indéterminées ſont ſéparées. L'intégrale du premier membre dépend (Art. XCIV. premiere Partie) de la quadrature du cercle ; & celle du ſecond eſt $\sqrt{2t}$, comme on le ſait.

LVIII.

Quatrieme exemple.

Soit encore à intégrer l'équation $\frac{2xdy-2ydx}{(x-y)^2}=dX$ (X eſt une fonction quelconque de x ou de y). Je fais $\frac{y}{x}=\frac{u}{a}$, ce qui me donne la transformée ſuivante $\frac{2xxdu}{a.(x-y)^2}=dX$. Je diviſe le numérateur & le dénominateur du premier membre par xx; j'ai $\frac{2adu}{aa-2au+uu}=dX$, équation dans laquelle les indéterminées ſont ſéparées. Pour l'intégrer je ſuppoſe $a-u=t$; la transformée que donne cette ſubſtitution eſt $-\frac{2adt}{tt}=dX$ dont l'intégrale eſt $\frac{2a}{t}=X$; & en remettant pour t & u leurs valeurs, l'intégrale cherchée eſt $\frac{2x}{x-y}-X+C=0$.

LIX.

Si au lieu de ſuppoſer $\frac{y}{x}=\frac{u}{a}$, on ſuppoſe $\frac{x}{y}=\frac{u}{a}$, on aura, après les ſubſtitutions différentes, $\frac{-2adu}{uu-2au+aa}=dX$. Pour intégrer cette équation, ſoit $u-a=t$; on aura pour transformée $-\frac{2adt}{tt}=dX$, laquelle a pour intégrale $\frac{2a}{t}+C-X=0$; & remettant pour t ſa valeur en u, & pour u ſa valeur $\frac{y}{x}$, on a $\frac{2y}{x-y} - X + C = 0$, intégrale différente de la précédente.

L X.

On trouveroit encore en faiſant $\frac{x+y}{x-y} = z$, que $\frac{2xdy - 2ydx}{(x-y)^2} = dX$ a pour intégrale $\frac{x+y}{x-y} - X + C = 0$: on en trouveroit même, en faiſant d'autres transformations, une infinité d'autres ; ce qui ne doit faire aucune difficulté. Car l'intégrale générale étant $\frac{2x}{x-y} - X + C = 0$, ou $\frac{2x + Cx - Cy}{x-y} - X = 0$, on trouvera autant d'intégrales particulieres qu'on donnera de valeurs différentes à C. Par exemple, ſi $C = 0$, on aura $\frac{2x}{x-y} - X = 0$, qui eſt celle que nous avons trouvée d'abord : ſi $C = -2$, on aura $\frac{2y}{x-y} - X = 0$, & c'eſt la ſeconde que nous avons eue : ſi $C = -1$, on aura $\frac{x+y}{x-y} - X = 0$, & ainſi du reſte. Nous ſommes entrés dans ce détail ſur cet exemple, afin que le lecteur ne ſoit point embarraſſé dans les cas pareils.

L X I.

Soit encore propoſé d'intégrer l'équation ſuivante $Y = \frac{y^2dx - xydy}{(y^2dx^2 - 2xydydx + y^2dy^2)^{\frac{1}{2}}}$, dans laquelle Y repréſente une fonction quelconque de y & de conſtantes : j'aurai $\frac{Y}{y} = \frac{ydx - xdy}{(y^2dx^2 - 2xydydx + y^2dy^2)^{\frac{1}{2}}}$; & en retournant l'équation $\frac{y}{Y} = \frac{(y^2dx^2 - 2xydydx + y^2dy^2)^{\frac{1}{2}}}{ydx - xdy}$. Donc en quarrant les deux membres, j'aurai $\frac{y^2}{Y^2} = \frac{y^2dx^2 - 2xydydx + y^2dy^2}{y^2dx^2 - 2xydydx + x^2dy^2}$ Cinquieme exemple.

$= 1 + \frac{y^2 dy^2 - x^2 dy^2}{y^2 dx^2 - 2xy\, dy\, dx + x^2 dy^2}$. Donc $\left(\frac{y^2}{Y^2} - 1\right)^{\frac{1}{2}} = \frac{dy\, y\sqrt{(y^2 - x^2)}}{y\,dx - x\,dy}$; ou bien $\frac{Y}{(y^2 - Y^2)^{\frac{1}{2}}} = \frac{y\,dx - x\,dy}{dy\, y\sqrt{(y^2 - x^2)}}$. Soit maintenant $\frac{x}{y} = z$, on aura $y\,dx - x\,dy = yy\,dz$; & après les ſubſtitutions la transformée ſera $\frac{Y}{(y^2 - Y^2)^{\frac{1}{2}}} = \frac{y\,dz}{dy\, y\sqrt{(1 - zz)}}$. Donc enfin $\frac{Y\,dy}{y\sqrt{(y^2 - Y^2)}} = \frac{dz}{\sqrt{(1 - zz)}}$.

Paſſons maintenant à des cas plus généraux dans leſquels les indéterminées ſe ſéparent encore par de ſimples transformations.

LXII.

Cas plus généraux que les précédens qui s'integrent de même.

Premiere formule.

PROBLEME I. Séparer les indéterminées dans la formule générale $\frac{a y^{n-1} dy}{b + (cy^n + p)^\alpha} = g q\, dx$, p & q étant des fonctions de x telles que $q = \frac{dp}{dx}$.

SOLUTION. Soit $(cy^n + p)^\alpha = z$; on en tire $cy^n + p = z^{\frac{1}{\alpha}}$, & en différentiant & mettant pour dp ſa valeur $q\,dx$, on aura $y^{n-1} dy = \frac{\frac{1}{\alpha} z^{\frac{1}{\alpha} - 1} dz - q\,dx}{cn}$.

Donc $\frac{a y^{n-1} dy}{b + (cy^n + p)^\alpha} = \frac{\frac{a}{\alpha} z^{\frac{1}{\alpha} - 1} dz - a q\,dx}{cn \cdot (b + z)} = g q\, dx$.

Donc enfin $\frac{a z^{\frac{1}{\alpha} - 1} dz}{\alpha b c g n + \alpha c g n z + a \alpha} = q\,dx$, équation dans laquelle les indéterminées ſont ſéparées.

LXIII.

Application à un exemple.

Soit dans la formule précédente . . . . $b = 2g$

$a = f^3$

$$n = 1$$
$$p = bx$$
$$q = b$$
$$\alpha = \tfrac{1}{2},$$

l'équation sera $\frac{f^3\,dy}{2g+(cy+bx)^{\frac{1}{2}}} = bg\,dx$. Je ferai donc $(cy+bx)^{\frac{1}{2}} = z$; j'aurai $y = \frac{zz-bx}{c}$; $dy = \frac{2z\,dz-b\,dx}{c}$; & pour transformée, l'équation suivante $\frac{2f^3\,z\,dz-bf^3\,dx}{c.(2g+z)} = bg\,dx$; ou $2f^3\,z\,dz - bf^3\,dx = 2bcg^2\,dx + bcgz\,dx$. Donc $\frac{2f^3\,z\,dz}{2cg^2+f^3+cgz} = b\,dx$; équation réduite en fraction rationelle.

LXIV.

PROBLEME 2. Trouver les cas d'intégrabilité de l'équation $\frac{y^{\alpha}\,dx}{(bx^{t}+ay^{n}x^{r})^{m}} = cx^{q}\,dy$; a, b, c, étant des constantes. Seconde formule plus générale.

SOLUTION. Soit $(bx^{t}+ay^{n}x^{r})^{m} = zx^{mt}$; on aura la transformée suivante $\frac{(z^{\frac{1}{m}}x^{t-r}-bx^{t-r})^{\frac{\alpha}{n}}\,dx}{a^{\frac{\alpha}{n}}\,z\,x^{mt}} =$ $\frac{cx^{q}}{na^{\frac{1}{n}}} \times (z^{\frac{1}{m}}x^{t-r}-bx^{t-r})^{\frac{1}{n}-1} \times \left\{\frac{1}{m}x^{t-r}z^{\frac{1}{m}-1}\,dz + (t-r)\,z^{\frac{1}{m}}x^{t-r-1}\,dx - (t-r)\,bx^{t-r-1}\,dx\right\}$, ou bien, en divisant par $(z^{\frac{1}{m}}x^{t-r}-bx^{t-r})^{\frac{1}{n}-1}$, $a^{\frac{1}{n}}mnx^{\frac{\alpha t}{n}-\frac{\alpha r}{n}+t-r-\frac{t}{n}+\frac{r}{n}}.(z^{\frac{1}{m}}-b)^{\frac{\alpha}{n}+1-\frac{1}{n}}\,dx =$ $a^{\frac{\alpha}{n}}cx^{q+mt+t-r-1+1}z^{\frac{1}{m}}\,dz + (t-r) \times$

$a^{\frac{\alpha}{n}} m z^{\frac{1}{m}+1} x^{q+mt+t-r-1} dx - (t-r) a^{\frac{\alpha}{n}} bmzx^{q+mt+t-r-1} dx.$
Or il est évident que si dans cette équation $\frac{\alpha t}{n} - \frac{\alpha r}{n} - \frac{t}{n} + \frac{r}{n} = q + mt - 1$, les indéterminées se sépareront; car alors on aura $\frac{mdx}{x} = \frac{a^{\frac{\alpha}{n}} c z^{\frac{1}{m}} dz}{a^{\frac{1}{n}} n.(z^{\frac{1}{m}}-b)^{\frac{k}{n}-1} - (t-r) a^{\frac{\alpha}{n}} z^{\frac{1}{m}+1} + (t-r) a^{\frac{\alpha}{n}} bz}$; donc les indéterminées se sépareront dans la proposée toutes les fois qu'on aura $\alpha = \frac{nq+nmt-n+t-r}{t-r}$; ou bien $q = \frac{\alpha t - \alpha r - mnt + n - t + r}{n}$.

LXV.

Application à un exemple.

Soit dans la formule . . . . $\alpha = 2$
$t = 2$
$n = 1$
$r = 1$
$m = \frac{1}{2}$

on aura l'équation suivante $\frac{hy^2 dx}{(bbxx+gxy)^{\frac{1}{2}}} = xdy$. Je fais $(bbxx+gxy)^{\frac{1}{2}} = xz$; ce qui me donne la transformée suivante $\frac{hdx}{g^2} \cdot \frac{(z^2x-bbx)^2}{zx} = \frac{x}{g} \times (2xzdz - bbdx + z^2dx)$, & après la réduction on aura $hdx \times (z^4 - 2b^2z^2 + b^4) = 2gxz^2dz - bg^2zdx + gz^3dx$. Donc $\frac{dx}{x} = \frac{2gz^2dz}{hz^4 - 2hb^2z^2 + hb^4 - gz^3 + b^2gz}$.

Il en sera de même pour beaucoup d'autres équations particulieres. Je passe maintenant à plusieurs cas généraux dans lesquels les indéterminées se séparent par des méthodes qui leur sont propres.

CHAPITRE

CHAPITRE V.

De la séparation des indéterminées dans les équations homogenes.

LXVI.

DÉFINITION. ON appelle *équations homogenes* celles dans lesquelles la somme des dimensions des x & des y, ou séparées, ou prises ensemble, est la même dans tous les termes de l'équation. Telles sont les suivantes, $xxdy + gyydx = fz^2du + au^2dz$, ou bien $xydx + byydx = gx^2dy + hxydy$. Telle est encore la suivante $dx(x\sqrt{x^4+y^4} + gy^2\sqrt[3]{xy^2+x^3}) = dy\{ax^3 + by^2x + gy^2\sqrt{(xx+yy)}\}$ &c. Cela posé. Ce que c'est qu'une équation *homogene*.

LXVII.

PROBLEME. Séparer les indéterminées dans les équations homogenes, à deux variables. Solution générale du Problème.

SOLUTION. Soit mise l'équation sous cette forme $\frac{dx}{dy} = \frac{p}{q}$, p exprimant le numérateur du second membre & q le dénominateur. Il est évident 1°. qu'en faisant $x = yz$, on aura $\frac{dx}{dy} = \frac{ydz}{dy} + z$. 2°. Qu'en substituant pour x sa valeur yz dans p & dans q, y se trouvera à la même dimension dans tous les termes de p & dans ceux de q; par exemple, si $\frac{p}{q} = \frac{gx^2+hxy}{xy+byy}$; mettant pour x

sa valeur yz on aura $\frac{gy^2z^2+hzy^2}{zy^2+by^2}$, fraction dans laquelle y a la même dimension dans tous les termes du numérateur & du dénominateur. Donc on pourra faire disparoître de l'un & de l'autre, y; & $\frac{p}{q}$ se réduira à une quantité Z qui ne contiendra que z & des constantes. Donc on aura $\frac{ydz}{dy}+z=Z$, ou bien $\frac{dy}{y}=\frac{dz}{Z-z}$, équation dans laquelle tout est séparé.

LXVIII.

Application à un exemple.

Soit à intégrer l'équation homogene $xdx\sqrt{(x^4+y^4)}+gy^2dx\sqrt[3]{(xy^2+x^3)}=ax^3dy+by^2xdy+qy^2dy\sqrt{x^2+y^2}$; je la mets sous la forme suivante, $\frac{dx}{dy}=\frac{ax^3+by^2x+qy^2\sqrt{x^2+y^2}}{x\sqrt{(x^4+y^4)}+gy^2\sqrt[3]{xy^2+x^3}}$, je fais $x=yz$; j'aurai par conséquent en substituant dans cette équation pour x & dx leurs valeurs $\frac{ydz}{dy}+z=\frac{az^3+bz+q\sqrt{z^2+1}}{z\sqrt{z^4+1}+g\sqrt[3]{z+z^3}}$, ou bien $\frac{dy}{y}$

$$=\frac{dz}{\frac{az^3+bz+q\sqrt{z^2+1}}{z\sqrt{(z^4+1)}+g\sqrt[3]{(z+z^3)}}-z},$$

équation dans laquelle les indéterminées sont séparées.

LXIX.

Cette regle s'étend à toutes les équations homogenes, à quelque puissance qu'y soient élevées les dx & les dy.

REMARQUE I. Si dans l'équation homogene les dx & les dy étoient élevées à une puissance au-dessus du premier dégré, on suivroit la même regle pour séparer les indéterminées.

Soit, par exemple, $xxdy^2+xydx^2=yydx^2$; on

donnera à cette équation la forme suivante, $dy^2 = dx^2\left(\frac{y^2}{x^2} - \frac{y}{x}\right)$; donc $dy = \pm dx\sqrt{\frac{y^2}{x^2} - \frac{y}{x}}$. Soit donc $\frac{y}{x} = \frac{z}{a}$, on en tire $ady = xdz + zdx$; & aussi $ady = dx\sqrt{(zz - az)}$. Donc $xdz + zdx = dx\sqrt{(zz - az)}$. Donc enfin $\frac{dx}{x} = \frac{-dz}{z - \sqrt{(zz - az)}}$.

LXX.

Que l'équation proposée soit $x^2dy^2 + xydxdy = x^2dx^2$, on remarquera que le premier membre seroit un quarré, s'il contenoit de plus $\frac{yydx^2}{4}$. J'ajoute donc ce terme de part & d'autre, & après avoir extrait la racine quarrée, la proposée devient $xdy + \frac{1}{2}ydx = \pm dx\sqrt{(xx + \frac{yy}{4})}$, équation qui est dans le cas de notre Problême, & qui devient par conséquent intégrable ou constructible par la méthode précédente.

LXXI.

Cette derniere méthode n'est applicable qu'aux équations dans lesquelles dy^2 ou dx^2 ne montent qu'au second degré, & dans lesquelles par conséquent on peut trouver la valeur de $\frac{dy}{dx}$. On trouvera plus bas (Art. CLIV.) une méthode pour les cas plus composés.

LXXII.

REMARQUE 2. La méthode que nous venons d'exposer pour les équations homogenes à deux changeantes

Elle s'étend aussi aux équations homogenes qui

contiennent plus de deux variables, en y faisant toutesfois quelque changement.

s'étendra aussi en y faisant quelques additions aux équations homogenes à trois ou à tant de variables qu'on voudra, pourvu que ces équations ne renferment point de constantes.

LXXIII.

Exemple général.

PROBLEME. Intégrer l'équation générale $Xdx + Ydy + Zdz = 0$, X, Y, Z représentent des fonctions homogenes & sans constantes de x, y, z. La méthode seroit la même si l'on avoit 4, 5 ou un plus grand nombre de variables.

SOLUTION. Je fais $y = xu$, & $z = xt$. On voit clairement qu'en substituant pour y & pour z leurs valeurs, X qui contient des x, des y & des z sans constantes, se changera en une nouvelle fonction composée de x élevée à une puissance du degré de la fonction X, & multipliée par une fonction de u & de t. De même la fonction Y sera changée en une nouvelle composée de x élevée encore à la même puissance, & multipliée par une autre fonction de u & de t; & ainsi de Z. Supposant donc que m représente le degré des fonctions X, Y, Z, & que F, G, H soient des fonctions différentes de u & de t, substituons pour X, $x^m F$, pour Y, $x^m G$, & pour Z, $x^m H$; mettons aussi pour dy sa valeur $xdu + udx$, & pour dz sa valeur $xdt + tdx$, il est évident qu'on aura la transformée suivante $x^m dx . (F + Gu + Ht) + x^{m+1} Gdu + x^{m+1} Hdt = 0$, ou en divisant tous les termes par $x^{m+1} . (F + Gu + Ht)$, on a $\frac{dx}{x} + \frac{Gdu + Hdt}{F + Gu + Ht} = 0$;

Or dans l'équation mise sous cette forme les x sont séparées des u & des t; car les fonctions F, G, H ne contiennent point de x. Il ne s'agit donc que de savoir (Chap. II.) si $\frac{G\,du + H\,dt}{F + Gu + Ht}$ est une différentielle complete, & de l'intégrer ensuite.

LXXIV.

Exemple particulier.

Soit dans la formule précédente . . . . . $X = xy^2z^3$

$Y = zx^2y^3$

$Z = y^2x^2z^2$

on aura . . . . $m = 6$

& l'équation à intégrer sera $y^2z^3x\,dx + zx^2y^3\,dy + y^2x^2z^2\,dz = 0$. Je fais $y = xu$ & $z = xt$, on aura $x^6t^3u^2\,dx + x^6tu^3\,dy + x^6t^2u^2\,dz = 0$, dans laquelle x est, comme on voit, élevée dans chaque terme au même degré que les fonctions X, Y, Z. Maintenant substituons pour dy & dz leurs valeurs, on aura la transformée suivante $(2u^2t^3 + u^4t).\,dx + xtu^3\,du + xu^2t^2\,dt = 0$, ou enfin $\frac{dx}{x} + \frac{u\,du + t\,dt}{uu + 2tt} = 0$.

LXXV.

Après avoir exposé cette méthode de séparer les indéterminées dans les équations homogenes, nous allons détailler plusieurs moyens de rendre homogenes des équations qui ne l'étoient pas.

CHAPITRE VI.

Méthodes pour rendre homogenes des équations qui ne le ſont pas.

LXXVI.

Elles ſont au nombre de deux.

NOus allons ici expoſer deux méthodes qui ſervent à rendre homogenes des équations qui ne le ſont pas. La premiere conſiſte à ſe ſervir de ſubſtitutions convenables, & on ne peut lui donner aucune forme générale ; ce ne ſera que par des exemples qu'on en montrera les uſages. La ſeconde conſiſte à changer les expoſants de la propoſée, de telle ſorte qu'on puiſſe déterminer dans quels cas & avec quelles ſubſtitutions on la rendra homogene. Ces deux méthodes rendront une infinité de différentielles ſuſceptibles de la ſéparation des indéterminées.

LXXVII.

Exemples de la premiere méthode.

Premier exemple.

Soit propoſée l'équation $dx\sqrt{(aaxx + az^3)} = zzdz$ qu'on voit bien n'être pas homogene. Je fais $z^3 = ayy$, ce qui me donne la transformée ſuivante, $dx\sqrt{(aaxx + aayy)} = \frac{2aydy}{3}$ qui eſt homogene.

LXXVIII.

On auroit encore pu rendre cette équation homogene

d'une autre maniere, en ſuppoſant $\sqrt{(aaxx + az^3)} = ay$, car alors on a tout de ſuite $aydx = \frac{2aydy}{3} - \frac{2axdx}{3}$, équation qui eſt homogene.

LXXIX.

Soit maintenant à intégrer l'équation ſuivante $z^3dz + \frac{z^2dx}{\sqrt{(a+x)}} = dx$: je ferai $\sqrt{(a+x)} = t$; donc $a+x=tt$, & $z^3dz + 2zzdt = 2tdt$. Soit maintenant $zz=yy$, j'aurai en ſubſtituant $\frac{ydy}{2} + 2ydt = 2tdt$, équation qui eſt homogene. Second exemple.

LXXX.

S'il s'agiſſoit de rendre homogenes les équations ſuivantes, $(a + bxy + cx^2y^2 + ex^3y^3 + \&c.)\, dx + (lx^2 + mx^3y + nx^4y^2 + \&c.)\, dy = 0$, ou bien $(ay + bxy^2 + cx^2y^3 + \&c.)\, dx + (lx + mx^2y + nx^3y^2 + \&c.)\, dy = 0$, équations dans leſquelles la ſomme des expoſans eſt en progreſſion arithmétique, la ſubſtitution qu'il faudroit faire feroit celle-ci, $y = \frac{1}{z}$. Car il nous vient après l'avoir faite, $(a + \frac{bx}{z} + \frac{cx^2}{zz} + \frac{ex^3}{z^3} + \&c.)\, dx - (lx^2 + \frac{mx^3}{z} + \frac{nx^4}{zz} + \&c.)\, \frac{dz}{zz} = 0$, & $\left(\frac{a}{z} + \frac{bx}{zz} + \frac{cx^2}{z^3} + \&c.\right) dx - (lx + \frac{mx^2}{z} + \frac{nx^3}{zz} + \&c.) . \frac{dz}{zz} = 0$, équations qu'on voit bien être homogenes. Troiſieme exemple.

LXXXI.

Et en général ſi on avoit à intégrer l'équation ſuivante, $(ax^\pi + bz^\tau x^{\pi-1} + \&c.)\, dx + (mx^\pi z^{\tau-1} + nx^{\pi-1} z^{2\tau-1}$

$+ p x^{\pi-2} z^{3\tau-1} +$ &c.) $dz = 0$, on rendroit cette équation homogene en faiſant $z = y^{\frac{1}{\tau}}$.

LXXXII.

Je paſſe à la ſeconde méthode.

Expoſition de la ſeconde méthode.

Premiere formule pour les équations à trois termes.

Soit l'équation générale compoſée de trois termes $a y^n x^m dx + b y^q x^p dx + c x^r y^s dy = 0$, qui peut ſervir de formule, & dans laquelle les expoſans peuvent être poſitifs ou négatifs, entiers ou fractionaires. Si $n + m$ étoit $= q + p = r + s$, l'équation alors ſeroit homogene. Ainſi nous devons ſuppoſer qu'on n'a pas les égalités précédentes. Soit dans cette hypotheſe $y = z^t$, on a $dy = t z^{t-1} dz$, $y^s = z^{st}$ &c. & après les ſubſtitutions on aura la transformée $a z^{nt} x^m dx + b z^{qt} x^p dx + c t x^r z^{st+t-1} dz = 0$. Mais pour que cette équation fût homogene, on devroit avoir $nt + m = qt + p = r + st + t - 1$. De la premiere égalité on tire $t = \frac{p-m}{n-q}$, laquelle valeur ſubſtituée dans l'équation $qt + p = r + st + t - 1$, ou $(s - q + 1) t = p - r + 1$, l'a fait devenir $(s - q + 1) . (p - m) = (p - r + 1) . (n - q)$. Cette derniere égalité exprime les conditions que doivent avoir entre eux les expoſants de la propoſée, pour qu'on la puiſſe rendre homogene. La ſubſtitution qu'il faudra faire dans ce cas eſt $y = z^{\frac{p-m}{n-q}}$.

Si au lieu de ſuppoſer $y = z^t$, on eût ſuppoſé $x = z^t$, on auroit trouvé le même réſultat pour la condition entre les

les expoſants : la ſeule différence, c'eſt qu'alors on auroit $t = \frac{n-q}{p-m}$, ce qui rendroit la ſubſtitution à faire $x = z^{\frac{n-q}{p-m}}$.

LXXXIII.

Il peut arriver que la ſubſtitution de $y = z^{\frac{p-m}{n-q}}$ ſoit impoſſible ; ce qui arrive dans le cas où $p = m$, ou $n = q$: mais alors on pourra ſéparer les indéterminées dans la propoſée ſans avoir recours à aucune préparation : car dans le cas où $p = m$, elle devient $x^{m-r} dx = -\frac{cy^s dy}{ay^n + by^q}$, ou $x^{p-r} dx = -\frac{cy^s dy}{ay^n + by^q}$; & dans celui de $n = q$, on a $ax^{m-r} dx + bx^{p-r} dx = -cy^{s-n} dy$, ou $-cy^{s-q} dy$.

LXXXIV.

Si dans la formule $ay^n x^m dx + by^q x^p dx + cx^r y^s dy = 0$, outre la ſuppoſition de $y = z^t$ on ſuppoſe encore $x = u^\alpha$; après les ſubſtitutions ordinaires, on trouvera $a\alpha z^{nt} u^{\alpha m + \alpha - 1} du + b\alpha z^{qt} u^{\alpha p + \alpha - 1} du + ctu^{\alpha r} z^{st + t - 1} dz = 0$; comparant enſemble les expoſans du premier & du ſecond terme, on a $nt + \alpha m + \alpha - 1 = qt + \alpha p + \alpha - 1$, d'où l'on tire $t = \alpha . \left\{\frac{p-m}{n-q}\right\}$. L'équation entre les expoſans du ſecond & du troiſieme terme nous donne $t . (s - q + 1) = \alpha (p - r + 1)$, & mettant pour t ſa valeur tirée de la premiere équation entre les expoſants, on a $\alpha . (p - m) . (s - q + 1) = \alpha . (n - q) . (p - r + 1)$, équation qui exprime, comme ci-deſſus, la condition que doivent avoir les expoſants de la formule pour l'homogénéité : mais dans cette équation la lettre α se détruit dans tous les termes ; donc la seconde supposition de $x = u^{\alpha}$ étoit inutile.

LXXXV.

Application de la formule à une équation particuliere.

Soit proposée l'équation $ay^3 x dx + byy x^{\frac{1}{2}} - cx dy = 0$, je compare cette équation avec la formule précédente : cette comparaison me donne . . . . . $n = 3$

$$m = 1$$
$$q = 2$$
$$p = \tfrac{1}{2}$$
$$r = 1$$
$$s = 0$$

Dans ce cas l'équation de condition $(s - q + 1).(p - m) = (p - r + 1).(n - q)$ devient $-1 \times -\frac{1}{2} = \frac{1}{2} \times 1$, ce qui est constant ; donc la proposée peut être rendue homogene. Je fais donc . . . . $y = z^{\frac{p-m}{n-q}} = z^{-\frac{1}{2}}$

$$dy = -\tfrac{1}{2} z^{-\frac{3}{2}} dz$$
$$y^3 = z^{-\frac{3}{2}}$$
$$yy = z^{-1}$$

& après la transformation je trouve $\frac{a x dx}{z\sqrt{z}} + \frac{b dx \sqrt{x}}{z} + \frac{c x dz}{2z\sqrt{z}} = 0$, équation qui est homogene, comme on le voit au premier coup d'œil.

LXXXVI.

Seconde formule contenant les équations à quatre termes.

Si le nombre des termes de l'équation est plus grand que trois, les conditions que doivent avoir les exposants des indéterminées augmentent à proportion. Soit, par exemple, l'équation ſuivante de quatre termes qui peut ſervir de formule $ax^m y^n dx + bx^q y^p dx + cx^r y^s dy + fx^\varrho y^u dy = 0$, je fais $y = z^t$, d'où je tire $dy = tz^{t-1} dz$

$$y^n = z^{nt}$$
$$y^p = z^{pt}$$
$$y^s = z^{st}$$
$$y^u = z^{tu}$$

Subſtituant ces valeurs on a $ax^m z^{nt} dx + bx^q z^{pt} dx + tcx^r z^{st+t-1} dz + ftx^\varrho z^{tu+t-1} dz = 0$. On doit donc avoir, 1°. $nt + m = pt + q$, d'où l'on tire $t = \frac{q-m}{n-p}$. On doit avoir 2°. $r + st + t - 1 = pt + q$, ou $st - pt + t = q - r + 1$, & mettant pour t ſa valeur, on aura $(s - p + 1).(q - m) = (q - r + 1).(n - p)$; premiere condition que doivent avoir les expoſants de la propoſée. La comparaiſon du ſecond & du quatrieme terme donne $\varrho + tu + t - 1 = pt + q$, ou $tu - pt + t = q - \varrho + 1$, & mettant pour t ſa valeur trouvée précédemment, on a $(u - p + 1).(q - m) = (q - \varrho + 1).(n - p)$, équation qui donne une ſeconde condition que doivent encore avoir entre eux les expoſants de la formule. S'ils ont ces deux conditions, alors elle pourra devenir homogene, & la ſubſtitution à faire eſt $y = z^{\frac{q-m}{n-p}}$.

Si les équations propoſées ont cinq termes, alors leurs expoſants devront avoir entre eux trois conditions, & ainſi de ſuite.

LXXXVII.

Application de la formule à quelques équations particulieres.

Premiere équation.

Si on propose de rendre homogene l'équation $dx\sqrt{x} + dx\sqrt[3]{y^4} + ydy\sqrt[4]{x^3} - y^3dy = 0$; pour voir si elle est susceptible de l'homogénéité, je la compare avec la formule, & j'ai. . . . . $m = \frac{1}{2}$

$$n = 0$$
$$q = 0$$
$$p = \tfrac{4}{3}$$
$$r = \tfrac{3}{4}$$
$$s = 1$$
$$\rho = 0$$
$$u = 3.$$

Donc l'équation $(s - q + 1).(q - m) = (q - r + 1).(n - p)$ qui est la premiere qui doit se trouver entre les exposants est ici $(1 - \frac{4}{3} + 1). - \frac{1}{2} = (-\frac{3}{4} + 1). - \frac{4}{3}$, ou $-\frac{1}{3} = -\frac{1}{3}$, ce qui montre que les exposants de notre équation ont déja la premiere condition requise. La seconde équation qui doit se trouver est celle-ci $(u - p + 1).(q - m) = (q - \rho + 1).(n - p)$: elle devient ici $(3 - \frac{4}{3} + 1) \times - \frac{1}{2} = 1 \times - \frac{4}{3}$; ou $-\frac{4}{3} = -\frac{4}{3}$; donc les exposants de la proposée ont les conditions requises pour qu'elle puisse être rendue homogene. Je fais donc . . . . $y = z^{\frac{q-m}{n-p}} = z^{\frac{3}{8}}$

$$dy = \tfrac{3}{8} z^{-\frac{5}{8}} dz$$
$$y^{\frac{4}{3}} = z^{\frac{1}{2}}$$
$$y^3 = z^{\frac{9}{8}},$$

& après les ſubſtitutions on a la transformée $dx\sqrt{x} + dx\sqrt{z} + \frac{3dz\sqrt[4]{x^3}}{8\sqrt[4]{z}} = \frac{3dz\sqrt{z}}{8}$; équation qu'on voit tout de ſuite être homogene.

LXXXVIII.

Soit encore l'équation $ayyxxdx + bdx + cyxdx + fx^4yydy = 0$; cherchons ſi elle peut devenir homogene en lui appliquant tout de ſuite la méthode qui nous a fait découvrir les cas d'homogénéité de la formule. Soit $y = z^t$, $dy = tz^{t-1}dz$, on trouve pour transformée $az^{2t}xxdx + bdx + cz^txdx + tfx^4z^{2t+t-1}dz = 0$. Mais on doit avoir $2t + 2 = 1 + t$, ce qui donne $t = -1$; cette valeur de t étant miſe à ſa place dans la transformée, elle devient $\frac{axxdx}{zz} + bdx + \frac{cxdx}{z} - \frac{fx^4dz}{z^4} = 0$, qui eſt homogene. Donc la ſubſtitution qu'il faut faire ici eſt $y = \frac{1}{z}$.

LXXXIX.

Telles ſont les méthodes les plus générales pour rendre homogenes les équations qui ne le ſont pas; il y a encore un cas qui, quoique particulier, ne laiſſe pas d'être aſſez étendu, & qu'on peut ramener à l'homogénéité; c'eſt celui dans lequel les indéterminées & leurs différences ne paſſent pas la premiere dimenſion. Nous allons l'examiner dans le Problême ſuivant.

X C.

Cas particulier assez étendu qui se ramene à l'homogénéité.

PROBLEME. Rendre homogene l'équation $axdx + bydx + cdx + gxdy + fydy + hdy = 0$.

Ce cas est représenté par l'équation $(ax+by+c).dx + (gx+fy+h)dy$.

SOLUTION. Soit cette équation mise sous la forme suivante $(ax+by+c)dx + (gx+fy+h)dy = 0$, je remarque d'abord que si b étoit $= g$, b & g étant de même signe, l'équation s'intégreroit tout de suite, puisqu'alors elle deviendroit $\pm b.(ydx + xdy) = -axdx - fydy - cdx - hdy$, dont l'intégrale est $\pm bxy + \frac{axx}{2} + \frac{fyy}{2} + cx + hy + C = 0$: mais nous supposons que b n'est pas égal à g. Cela posé, je fais $x = mz + nu + r$

& . . . . $y = pz + ku + s$

substituant, il me vient

$$\left\{\begin{array}{r} amz + anu + ar \\ + bpz + bku + bs \\ + c \end{array}\right\}.(mdz + ndu) \mp \left\{\begin{array}{r} gmz + gnu + gr \\ + fpz + fku + fs \\ + k \end{array}\right\}.(pdz + kdu) = 0$$

équation qui me fait voir que j'aurois pu faire une substitution plus simple. Effectivement, je suppose $x = z + r$

$y = u + s$

(z & u sont deux nouvelles indéterminées, s & r sont deux constantes), j'ai . . . . . . $dx = dz$

& . . . . $dy = du$

substituant ces valeurs dans l'équation, elle se change en

$$\left\{\begin{matrix} az + ar \\ + bu + bs \\ . \quad + c \end{matrix}\right\} dz + \left\{\begin{matrix} gz + gr \\ + fu + fs \\ + h \end{matrix}\right\} du = 0.$$

Or je remarque que cette équation feroit homogene, fi les termes $ar + bs + c$ & $gr + fs + h$ étoient égaux à zéro; cette fuppofition réduifant la transformée à l'équation fuivante $(az + bu)\, dz + (gz + fu) . du = 0$. Il ne s'agit plus que de tirer les valeurs de r & de s relatives à cette fuppofition. Or ces valeurs font $s = \frac{ah - cg}{gb - af}$

& . . . . $r = \frac{cf - bh}{gb - af}$.

Donc les fubftitutions qu'il faut faire dans le cas préfent font . . . . $x = z + \frac{cf - bh}{gb - af}$

& . . . . $y = u + \frac{ah - cg}{gb - af}$.

C. Q. F. T.

XCI.

REMARQUE 1. S'il fe trouvoit que cf fût $= bh$, ou $ah = cg$, l'une ou l'autre des deux conftantes r ou s s'évanouiroit, ce qui marqueroit que dans ce cas on n'a befoin que d'une fubftitution pour x, fi $s = 0$; pour y, fi $r = 0$. Soit, par exemple, $cf = bh$ laiffant x & fa différence, je me contenterai de fuppofer $y = x + s$, & je ferai le refte de l'opération comme dans l'article précédent.

Obfervations importantes fur l'équation précédente.

XCII.

REMARQUE 2. Si l'on avoit en même temps $cf = bh$ & $ah = cg$, alors les deux conftantes r & s s'évanouiroient auquel cas la méthode pour parvenir à l'homogénéité feroit différente. Voici comment il faudroit s'y prendre dans ce cas. Puifque $cf = bh$, & $ah = cg$, on a $g = \frac{ah}{c}$ & $f = \frac{bh}{c}$: donc l'équation propofée $(ax + by + c)\,dx + (gx + fy + h)\,dy = 0$, devient $(ax + by + c)\,dx + \left(\frac{ahx}{c} + \frac{bhy}{c} + h\right) dy = 0$, ou bien $(ax + by + c)\,dx + (ax + by + c) \cdot \frac{hdy}{c} = 0$, ou enfin $(ax + by + c) \times \left(dx + \frac{hdy}{c}\right) = 0$; ce qui donne $ax + by + c = 0$ ou . . . . $x + \frac{hy}{c} + A = 0$ (A eft une conftante) : or ces deux équations, ou fépa-rément, ou prifes enfemble, fatisfont au Problême, puifque ce font deux lieux géométriques, qui fe conftruifent par le moyen de deux lignes droites.

XCIII.

REMARQUE 3. Si l'on avoit $bg = af$, alors le dénominateur des équations . . . $x = z + \frac{cf - bh}{bg - af}$ & . . . . $y = u + \frac{ah - cg}{bg - af}$ deviendroit égal à zéro ; donc ces termes feroient infinis, & par conféquent la méthode ne feroit rien connoître. Mais alors ce cas feroit plus fimple. Pour le prouver je remarque que la fuppofition préfente de $bg = af$ donne $f = \frac{bg}{a}$. Mettant donc pour f cette valeur dans la propofée, elle devient $(ax + by + c)\,dx + \left(gx + \frac{gby}{a} + h\right) dy = 0$. Je lui donne cette autre forme $(ax + by)\,dx + (ax + by)\,\frac{gdy}{a} + cdx + hdy = 0$, & je fuppofe enfuite $ax + by = z$: je veux faire difparoître y & dy, j'ai j'ai donc $y = \frac{z - ax}{b}$: $dy = \frac{dz - adx}{b}$; ſubſtituant ces valeurs dans l'équation précédente, il me vient $z . \left\{ dx + \frac{gdz}{ab} - \frac{gdx}{b} \right\} + cdx + \frac{hdz}{b} - \frac{ahdx}{b} = 0$, ou bien $dx \left\{ z - \frac{gz}{b} + c - \frac{ah}{b} \right\} + dz \times \left\{ \frac{gz}{ab} + \frac{h}{b} \right\} = 0$: ou enfin $dx = \frac{dz . \left\{ \frac{h}{b} + \frac{gz}{ab} \right\}}{\frac{gz}{b} - z + \frac{ah}{b} - c}$, équation dans laquelle les indéterminées ſont ſéparées ; ce qui prouve, comme nous l'avons dit, que ce cas eſt plus ſimple.

XCIV.

SCHOLIE. Nous venons de détailler dans les Chapitres précédents la méthode de conſtruire les équations différentielles dont les indéterminées ſont ſéparées ; enſuite celle de ſéparer les indéterminées dans les équations lorſqu'elles ſont homogenes ; & enfin celle de rendre homogenes beaucoup d'équations qui ne le ſont pas. Paſſons à un cas très-général dans lequel les indéterminées ſe ſéparent tout de ſuite par une méthode fort ingénieuſe. Ce cas eſt celui de l'équation $AXy^n dy + By^{n+1} X' dx + y^q X'' dx = 0$, n & q étant des nombres quelconques, X, X', X'', des fonctions quelconques de x, & A, B, C, des conſtantes à volonté, & il peut ſervir de formule pour ces ſortes d'équations, qui ne doivent par conſéquent pas avoir plus de trois termes.

CHAPITRE VII.

Sur la construction de l'équation $AXy^n dy + By^{n+1} X' dx + Cy^q X'' dx = 0$.

XCV.

Procédé de la Méthode.

PROBLEME. SÉparer les indéterminées dans la formule * $AXy^n dy + BX'y^{n+1} dx + Cy^q X'' dx = 0$.

SOLUTION. 1°. Je commence par divifer l'équation par y^q, elle devient $AXy^{n-q} dy + BX'y^{n+1-q} dx + CX'' dx = 0$. Cette premiere opération me donne un terme $CX'' dx$ qui ne contient que dx & des fonctions de x.

2°. Je divife par AX, & j'ai $y^{n-q} dy + \frac{BX'y^{n+1-q} dx}{AX} + \frac{CX'' dx}{AX} = 0$. Ce fecond procédé nous donne, comme on le voit, un terme tout en y, un tout en x, & un autre qui eft mêlé.

3°. J'obferve maintenant que fi je pouvois multiplier les deux premiers termes de l'équation ainfi réduite par une fonction de x, telle que ces deux premiers termes fuffent une différentielle exacte, j'aurois l'intégrale cherchée, le troifieme terme s'intégrant de lui-même. Soit donc fup-

* *Nota.* Voyez dans les Mémoires de l'Académie Royale des Sciences, Ann. 1731. page 103. un Mémoire de M. de Maupertuis, où fe trouve la conftruction de l'équation $dx = ax^m y^n dy + by^{n+1} x^p dx$, par une méthode qui differe un peu de celle que nous donnons ici.

posé z la fonction de x qui rend ces deux termes une différentielle complete, & qui par conséquent n'empêchera pas le troisieme d'être intégrable, je multiplie l'équation par z; & j'ai, laissant à part le troisieme terme & n'opérant que sur les deux premiers, $z y^{n-q} dy + \frac{B z y^{n-q+1} X' dx}{AX}$ qui est une différentielle complete. J'ai donc (Théor. fondamental) $d \frac{(z y^{n-q})}{dx} = d \frac{(B X' z y^{n-q+1})}{A X dy}$: c'est-à-dire, $\frac{y^{n-q} dz}{dx} = \frac{(n-q+1) B z X' y^{n-q}}{AX}$; ou bien $\frac{dz}{z} = \frac{(n-q+1) B X' dx}{AX}$. Donc $l z = \int \frac{(n-q+1) B X' dx}{AX}$. Donc enfin en passant des logarithmes aux nombres, & prenant e pour le nombre dont le logarithme $= 1$, on a $z = e^{\int \frac{(n-q+1) B X' dx}{AX}}$. Voilà donc la valeur de z trouvée.

4°. Mettant cette valeur de z dans l'équation intégrée $\frac{z y^{n-q+1}}{n-q+1} + \int \frac{C z X'' dx}{AX} \pm Q = 0$, il nous vient $\frac{y^{n-q+1}}{n-q+1} \times e^{\int \frac{(n-q+1) B X' dx}{AX}} + \int \frac{C X'' dx}{AX} \times e^{\int \frac{(n-q+1) B X' dx}{AX}} = \mp Q$; d'où l'on tire $y^{n-q+1} = (n-q+1) . \times \left(\mp Q - \int \frac{C X'' dx}{AX} . e^{\int (n-q+1) \frac{B X' dx}{AX}}\right) \times e^{\int \overline{-n+q-1} . \frac{B X' dx}{AX}}$: ou enfin $y = \left\{\overline{n-q+1} . \times \left(\mp Q - \int \frac{C X'' dx}{AX} \times e^{\int \overline{n-q+1} . \frac{B X' dx}{AX}}\right) \times e^{\int \overline{-n+q-1} . \frac{B X' dx}{AX}}\right\}^{\frac{1}{n-q+1}}$. De là il suit que quel que soit le rapport de A, B, C, n, q, dans l'équation, les indéterminées seront toujours séparées par cette méthode.

XCVI.

Observations sur la Méthode précédente.

REMARQUE 1. Si l'on avoit $n-q+1=0$, alors il y auroit des termes infinis ; la méthode, par conséquent, paroîtroit ne rien donner. Mais il faut remarquer qu'alors $n-q=-1$, & qu'ainsi la proposée devient $\frac{A\,dy}{y}+\frac{BX'\,dx}{X}+\frac{CX''\,dx}{X}=0$, équation qui s'integre tout de suite, sans qu'il soit besoin d'avoir recours à notre méthode.

XCVII.

REMARQUE 2. Si l'on avoit $X'=x^n$, & $X=x^{n+1}$; alors la valeur logarithmique de z, $e^{\int \overline{n-q+1}\,.\,\frac{BX'\,dx}{AX}}$ seroit $e^{\int \overline{n-q+1}\,.\,\frac{B\,dx}{Ax}}$, & en faisant $\overline{n-q+1}\,.\,\frac{B}{A}=K$, elle deviendroit $e^{\int\frac{K\,dx}{x}}=e^{Kl.x}$: à cause que e est supposé un nombre dont le logarithme $=1$, $e^{Klx}=x^K$; car soit $e^{Klx}=z$; on aura $le^{Klx}=lz$; ou bien $Klxle=lz$; or $le=1$, donc $Klx=lz$; donc enfin (Art. XXIX. Introd. Ire. Part.) & $x^K=z$; or $z=e^{Klx}$; donc $e^{Klx}=x^K$. Donc en mettant pour z sa valeur x^K dans l'équation $zy^{n-q}dy+\frac{y^{n-q+1}}{n-q+1}\times\overline{n-q+1}\,.\,\frac{BzX'\,dx}{AX}+\frac{CX''z\,dx}{AX}=0$, on trouve $y^{n-q}dy\,x^K+Kx^{K-1}dx\times\frac{y^{n-q+1}}{n-q+1}+\frac{CX''x^{K-n-1}dx}{A}=0$; ce qui nous montre que dans ce cas l'équation est intégrable beaucoup plus simplement.

XCVIII.

COROLLAIRE 1. La formule que nous venons de traiter d'une maniere générale eſt des plus étendues : elle renferme une infinité de cas. Mlle Agneſi a traité la même formule dans ſes Inſtitutions Analytiques ; mais cette illuſtre Géometre employe pour la réſoudre une méthode différente de la nôtre. Celle dont elle ſe ſert, & qui eſt de M. Bernoulli, conſiſte à ſuppoſer y égale à deux nouvelles indéterminées ; & en faiſant les ſubſtitutions ordinaires, on parvient à la ſéparation des indéterminées par le moyen des quantités logarithmiques & exponentielles. Notre formule comprend auſſi toutes celles dont M. Craig a donné la ſéparation dans ſon Livre *de Calculo Fluentium.* C'eſt ce que nous développerons bien-tôt dans le Chapitre ſuivant, où nous donnerons les différentielles plus générales qui s'integrent par notre méthode.

Quelle eſt la généralité de la formule précédente.

Tom. 2. *page* 904, *juſqu'à* 914.

Tome 1. *page* 175.

Lib. de Calculo Fluent. p. 40. *& ſeq.*

XCIX.

COROLLAIRE. 2. Nous ſuppoſons dans notre formule A, B, C des coefficiens quelconques, dont les ſignes ſont poſitifs ou négatifs. Ainſi ſi on avoit $dx - ax^m y^n dy - by^{n+1} x^p dx = 0$, qui eſt l'équation que M. de Maupertuis traite dans le Mémoire que nous avons cité, ce cas n'auroit point de difficulté. Car comparant cette équation différentielle avec notre formule, on trouve

$$A = -a$$
$$B = -b$$
$$q = 0$$
$$X = x^m$$
$$X' = x^p$$

Donc substituant ces valeurs dans $z = e^{\int \overline{n-q+1} \cdot \frac{BX'dx}{AX}}$, on a $z = e^{\int \overline{n+1} \cdot \frac{-bx^p dx}{-ax^m}} = e^{\int \overline{n+1} \cdot \frac{bx^{p-m} dx}{a}}$, ou enfin $z = e^{\frac{\overline{n+1} \cdot b}{(p-m+1)a} x^{p-m+1}}$. Si l'on avoit $dx - ay^n x^m dy + by^{n+1} x^p dx = 0$, où le second terme est seul négatif, le cas ne seroit pas plus embarrassant : on auroit alors $z = e^{\frac{(n+1) \cdot b}{(p-m+1) \cdot -a} x^{p-m+1}}$; & ainsi des autres.

CHAPITRE VIII.

Des différentielles qui peuvent se ramener par des transformations à la formule du Chapitre précédent.

C.

Lorsque nous avons cherché les cas d'intégration des équations différentielles, en déterminant ceux où ces équations peuvent être rendues homogenes, les conditions d'intégrabilité ne tomboient que sur les exposants. On en peut aussi trouver qui tombent sur les coefficiens en examinant les cas où la réduite sera de la forme suivante, $AXy^n dy + BX'y^{n+1} dx + Cy^q X' dx = 0$ que maintenant nous savons intégrer. Nous allons faire cette recherche, en supposant même que dans ces équations il se trouve des fonctions de x & de y. Nous marcherons des équations les plus simples aux plus composées, afin d'accoutumer les commençans à généraliser les méthodes.

C I.

PROBLEME I. Séparer les indéterminées dans l'équation $(x^n dx + ay^n dy) \cdot p = \left\{\frac{xdy - ydx}{xx}\right\} \cdot q$, dans laquelle p & q sont des fonctions algébriques de x & de y, telle que la somme de leurs exposants est la même dans chaque terme de p, & est aussi la même dans chaque terme de q, quoique toutefois elle puisse être différente dans p & dans q. Premiere formule de ces différentielles.

SOLUTION. Je mets d'abord l'équation sous la forme suivante $x^n dx + ay^n dy - (xdy - ydx) \times \frac{q}{pxx} = 0$. Je fais $x = yz$, ce qui me donne $x^n = y^n z^n$

$$dx = ydz + zdy.$$

Donc en faisant ces substitutions j'ai $y^{n+1} z^n dz + z^{n+1} y^n dy + ay^n dy - (zydy - y^2 dz - zydy) \times \frac{q}{pxx} = 0$. Or q sera (hyp.) $= y^m \varphi z$; & $pxx = y^s Tz$: donc $\frac{q}{pxx} = y^k \Delta z$; donc la proposée est $y^{n+1} z^n dz + z^{n+1} y^n dy + ay^n dy + y^{k+2} \Delta z . dz = 0$, ou $(z^{n+1} + a) \times y^n dy + y^{n+1} z^n dz + y^{k+2} \Delta z . dz = 0$, c'eſt-à-dire, $Zy^n dy + y^{n+1} z^n dz + y \Delta z . dz = 0$, équation qui, comme on le voit, eſt dans le cas de notre formule générale.

CII.

Application à quelques exemples particuliers.

Premier exemple.

Suppoſons que dans la formule $n = 2$

$$p = fxy^2 + gyx^2$$
$$q = mx^2y^2 + nyx^3,$$

l'équation dont il faut ſéparer les indéterminées eſt $(x^2 dx + ay^2 dy) \times (fxy^2 + gyx^2) = \left\{\frac{xdy - ydx}{xx}\right\} \times (mx^2y^2 + nyx^3)$; ou $x^2 dx + ay^2 dy - (xdy - ydx) \times \frac{mx^2y^2 + nyx^3}{fx^3y^2 + gyx^4} = 0$. Soit $x = yz$. La transformée ſera $y^3z^2 dz + z^3y^2 dy + ay^2 dy - (zydy - y^2 dz - zydy) \times \frac{my^4z^2 + ny^4z^3}{fy^5z^3 + gy^5z^4} = 0$; & en réduiſant $(z^3 + a) . y^2 dy + y^3z^2 dz + \left\{\frac{m + nz}{fz + gzz}\right\} ydz = 0$, qui s'intègre par le Chapitre précédent, en mettant l'indéterminée z au lieu de x.

CIII.

Seconde formule.

PROBLEME 2. Séparer les indéterminées dans la formule $(x^n dx \pm ay^{\frac{-n-1-c}{c}} dy) \times p = (xdy + cydx) \times q$: p & q ſont des fonctions algébriques de x & de y, telles que l'excès de l'expoſant de l'une de ces deux indéterminées multiplié par c ſur l'expoſant de l'autre indéterminée ſoit le même dans chaque terme de p; & que cette même condition ſe trouve auſſi dans chaque terme de q, ſans qu'il ſoit pour cela néceſſaire que p & q ſoient des

fonctions

fonctions homogenes de x & de y.

SOLUTION. Je mets l'équation sous la forme suivante. $x^n dx \pm ay^{\frac{-n-c-1}{c}} dy(-xdy - cydx) \cdot \frac{q}{p} = 0$. Je remarque maintenant que par les conditions du Problême, chaque terme de p étant, par exemple $y^s x^r$, on doit avoir $s \times c - r = M$ (une constante) ; donc $r = s \times c - M$, donc $y^s x^r$ devient $y^s x^{s\times c - M} = \frac{y^s x^{s\times c}}{x^M}$. De même chaque terme de q sera de la forme suivante $\frac{y^k x^{k\times c}}{x^N}$.

Ce calcul me montre que la transformation que je dois faire est $yx^c = z$; donc $x^c dy + cyx^{c-1} dx = dz$

ou . . . . $(xdy + cydx)x^{c-1} = dz$

on a aussi . . . . $y = \frac{z}{x^c}$

$$y^{\frac{-n-1-c}{c}} = x^{n+1+c} z^{\frac{-n-1-c}{c}}.$$

$$dy = \frac{x^c dz - czx^{c-1} dx}{x^{2c}}.$$

Donc en substituant dans la proposée pour y & dy leurs valeurs, on aura la transformée

$$x^n dx \pm \frac{ax^{n+1+2c} z^{\frac{-n-1-c}{c}} dz \mp acz^{\frac{-n-1}{c}} x^{n+2c} dx}{c^{2c}}$$

$(-x^{-c+1} dz) \frac{q}{p} = 0$: or il est évident par ce que nous venons de dire que $\frac{q}{p} = x^t \varphi z$; donc on aura

$x^{n+2c} dx \pm ax^{n+2c+1} z^{\frac{-n-1-c}{c}} dz \mp acz^{\frac{-n-1}{c}} x^{n+2c} dx$

$- x^{t+c+1} dz \varphi z = 0$ ou $\left(1 \mp acz^{\frac{-n-1}{c}}\right) x^{n+2c} dx$

$\pm ax^{n+2c+1} z^{\frac{-n-c-1}{c}} dz - x^{e+c+1} dz \varphi z = 0$; équation réduite au cas général du Chapitre précédent, & dont par conséquent nous savons séparer les indéterminées.

CIV.

Application à un exemple.

Soit dans la formule . . $n = -10$

$c = 3$

$p = by^2 x^4 + fy^9 x^{25}$

$q = gy^{\frac{1}{2}} x^3 - hy^{10} x^{\frac{63}{2}}$.

La proposée sera $x^{-10} dx + ay^2 dy - (xdy + 3ydx) \times \frac{gy^{\frac{1}{2}} x^3 - hy^{10} x^{\frac{63}{2}}}{by^2 x^4 + fy^9 x^{25}} = 0$. La transformation qu'il faudra faire est donc $yx^3 = z$; après les différentes substitutions, on aura la transformée suivante $x^{-10} dx + \frac{ax^{-3} z^2 dz - 3az^3 x^{-4} dx}{x^6}$ $- x^{-2} dz \times \left\{ \frac{gz^{\frac{1}{2}} x^{\frac{3}{2}} - hz^{10} x^{\frac{3}{2}}}{bz^2 x^{-2} + fz^9 x^{-2}} \right\} = 0$. Donc $x^{-4} dx$ $+ ax^{-3} z^2 dz - 3az^3 x^{-4} dx - x^4 dz \times x^{\frac{7}{2}} \times$ $\left\{ \frac{g - hz^{\frac{19}{2}}}{bz^{\frac{3}{2}} + fz^{\frac{17}{2}}} \right\} = 0$. Donc enfin $(1 - 3az^3) x^{-4} dx$ $+ ax^{-3} z^2 dz - x^{4+\frac{7}{2}} dz \times \left\{ \frac{g - hz^{\frac{19}{2}}}{bz^{\frac{3}{2}} + fz^{\frac{17}{2}}} \right\} = 0$, équation réduite à notre cas général.

CV.

Troisieme formule qui comprend les deux précédentes.

PROBLEME 3. Séparer les indéterminées dans la formule $(x^n dx \pm ay^{\frac{-fn-c-f}{c}} dy) p = (fxdy + cydx) q$;

Les formules des deux Problêmes précédents ne sont que

des cas particuliers de celle-ci ; celle du Problême 2, lorſque $f = 1$, & celle du Problême premier, quand $f = 1$ & $c = -1$; p & q ſont des fonctions de x & y telles que celles du Problême précédent, excepté qu'au lieu de multiplier par c l'expoſant de l'une des deux indéterminées dans que terme de p & de q, il le faut multiplier par $\frac{c}{f}$. Il faut de plus que p & q ſoient telles qu'après y avoir ſubſtitué pour y ſa valeur en x & en z, ou pour x ſa valeur en y & en z, on trouve des quantités compoſées de deux facteurs, dont l'un contienne x ſans z, & l'autre z ſans x dans le premier cas ; ou dont l'un contienne y ſans z, & l'autre z ſans y dans le ſecond.

SOLUTION. La propoſée eſt $x^n dx \pm ay^{\frac{-fn-c-f}{c}} dy - (fxdy + cydx)\frac{q}{p} = 0$. Pour trouver la transformation qui réuſſira, je raiſonne comme dans le Problême précédent, & je vois qu'il faut ſuppoſer $yx^{\frac{c}{f}} = z$: cette ſuppoſition me donne $x^{\frac{c}{f}} dy + \frac{c}{f} y x^{\frac{c}{f}-1} dx = dz$ ou . . . . $fxdy + cydx = \frac{fdz}{x^{\frac{c}{f}-1}}$.

Je ſubſtitue pour y & dy leurs valeurs $y = \frac{z}{x^{\frac{c}{f}}}$,

$$dy = \frac{x^{\frac{c}{f}} dz - \frac{c}{f} z x^{\frac{c}{f}-1} dx}{x^{\frac{2c}{f}}};$$

j'ai donc la transformée ſuivante $\left(1 \mp \frac{acx^{\frac{-fn-f}{c}}}{f}\right)$ $x^{\frac{fn+2c}{f}} dx \pm ax^{\frac{fn+2c}{f}+1} z^{\frac{-fn-c-f}{c}} dz - fx^{n+\frac{c}{f}+1}$

$dz\varphi z = 0$, équation réduite à notre cas général.

CVI.

Application de cette formule à un exemple.

Supposons que dans la formule précédente
$$f = -3$$
$$n = 2$$
$$c = 1$$
$$p = y$$
$$q = ax;$$

L'équation à intégrer sera $(x^2 dx + ay^8 dy) y = (-3xdy + ydx) ax$, ou bien $x^2 dx + ay^8 dy - (-3xdy + ydx) \frac{ax}{y} = 0$. Donc la supposition qu'il faut faire ici est $yx^{-\frac{1}{3}} = z$. Faisant les substitutions convenables pour y & dy, nous aurons la transformée suivante $x^2 dx + ax^3 z^8 dz + \frac{ax^3}{3} z^9 x^2 dx + \frac{3ax^3 dz}{z} = 0$; ou bien $(1 + \frac{a}{3} z^9) x^2 dx + ax^3 z^8 dz + \frac{3ax^3 dz}{z} = 0$, équation réduite au cas général.

CVII.

Quatrieme formule.

PROBLEME 4. Séparer les indéterminées dans la formule $ax^n dx + by^n dy + (xdy - ydx) \times \left\{ \frac{p}{q} + \frac{\pi}{\omega} \right\} = 0$.

Celle-ci est encore plus générale que les précédentes, p & q étant des fonctions homogenes de x & de y, mais de différentes dimensions, si l'on veut, dont la différence soit k; & π, ω étant aussi des fonctions de x & de y homogenes chacunes telles que l'excès du nombre des dimensions de π sur celles de ω soit $n - 1$.

SOLUTION. Soit $x = yz$, on aura $ay^{n+1} z^n dz + ay^n z^{n+1} dy + by^n dy + (zydy - yydz - zydy) \times (y^k \Delta z + y^{n-1} \varphi z) = 0$, c'eſt-à-dire,

$$\left.\begin{array}{l} az^{n+1} y^n dy \\ + by^n dy \end{array}\right\} \begin{array}{l} + ay^{n+1} z^n dz. \\ - y^{n+1} dz \varphi z - y^{k+2} dz \Delta z = 0, \end{array}$$

équation qui eſt, comme l'on voit, dans notre cas général, & de laquelle par conſéquent on ſéparera les indétermi-nées ſans aucune difficulté.

CVIII.

Application à un exemple.

Suppoſons que dans la formule . . . . $n = 7$

$$\frac{p}{q} = \frac{x^3 y + y^3 x}{yx}$$

$$\frac{\pi}{\omega} = \frac{x^8 y + y^8 x}{x^3 + y^3};$$

l'équation à intégrer ſera $ax^7 dx + by^7 dy + (xdy - ydx) \times \left\{ \frac{x^3 y + y^3 x}{xy} + \frac{x^8 y + y^8 x}{x^3 + y^3} \right\} = 0$. Soit dans cette équation $x = yz$, & ſubſtituons pour x & dx leurs valeurs, nous aurons la transformée ſuivante $ay^8 z^7 dz + az^8 y^7 dy + by^7 dy + (zydy - y^2 dz - zydy) \times \left\{ y^2 \times (z^2 + 1) + y^6 \times \left(\frac{z^8 + z}{z^3 + 1} \right) \right\} = 0$; qui devient après la réduction $az^8 y^7 dy + ay^8 z^7 dz - y^4 . (z^2 + 1) dz + by^7 dy - y^8 . \left\{ \frac{z^8 + z}{z^3 + 1} \right\} dz = 0$, équation telle que nous la demandons.

CIX.

Formule précédente généraliſée.

PROBLEME 5. Trouver les cas dans leſquels on parvient à ſéparer les indéterminées dans la formule $hx^q dx + by^n dy + (xdy + gydx) \times \left\{ \frac{p}{q} + \frac{\pi}{\omega} \right\} = 0$.

Je ne mets point de coefficient à $x\,dy$, parce qu'il est toujours aisé de débarrasser de son coefficient un des deux termes ; p, q, π, ω, étant des fonctions de x & de y, telles que a étant l'exposant de x dans un terme quelconque de p, & r l'exposant de y ; a' l'exposant de x dans q, & r' celui de y ; α l'exposant de x dans π, & ρ celui de y ; α' l'exposant de x dans ω, & ρ' celui de y ; on ait dans chaque terme de p, $-\frac{a}{g}+r=A$, dans chaque terme de q, $-\frac{a'}{g}+r'=A'$, & de même dans chaque terme de π & de ω, $-\frac{\alpha}{g}+\rho=B$ & $-\frac{\alpha'}{g}+\rho'=B'$; A, A', B, B' sont des constantes différentes. Il faut de plus que dans π & ω $-\frac{\alpha}{g}+\rho+\frac{a'}{g}-\rho'=n+\frac{1}{g}$.

SOLUTION. Pour trouver quelle est la transformation qui réussira le mieux, j'observe qu'en faisant $x=zy^{-\frac{1}{g}}$, j'aurai $x\,dy+gy\,dx=gy^{-\frac{1}{g}+1}dz$; ce qui me détermine à faire cette supposition. La transformée qu'elle me donne est $hy^{-\frac{q}{g}-\frac{1}{g}}z^{q}dz-\frac{h}{g}z^{q+1}y^{-\frac{q}{g}-\frac{1}{g}-1}dy+by^{n}dy+gy^{-\frac{1}{g}+1}dz\times(y^{k}\Delta z+y^{f}\varphi z)=0$. Or il est évident que cette équation se ramenera au cas général que nous traitons toutes les fois qu'on aura

$$[illegible]=-\frac{q}{g}-\frac{1}{g}-1$$

$$\&\ k \text{ ou } f=-\frac{q}{g}-1=n+\frac{1}{g},$$

car alors l'équation précédente devient $\left(b-\frac{h}{g}z^{q+1}\right)y^{-\frac{q}{g}-\frac{1}{g}-1}dy+(hz^{q}+g\varphi z)y^{-\frac{q}{g}-\frac{1}{g}}dz+gy^{k-\frac{1}{g}+1}dz\Delta z=0$; qui est telle qu'on la demande.

C X.

Application de la formule à un exemple.

Soit l'équation à intégrer $x^{-21}dx + by^3dy + (xdy + 5ydx) \times \left\{ \frac{xy^{3-\frac{1}{5}} + x^2y^3}{x^2y - x^3y^{1+\frac{1}{5}}} + \frac{ax^2y^{\frac{1}{5}+6} + by^{\frac{2}{5}+6}}{x^2y^{\frac{5}{5}+3} + x^3y^{\frac{19}{5}}} \right\}$ $= 0$; je ferai . . . . . . $x = zy^{-\frac{1}{5}}$

ce qui me donne. . . . $dx = y^{-\frac{1}{5}}dz - \frac{1}{5}zy^{-\frac{1}{5}-1}dy$

$$xdy + 5ydx = 5y^{-\frac{1}{5}+1}dz.$$

Donc en ſubſtituant pour x & pour dx leurs valeurs, on aura la transformée $y^4z^{-21}dz - \frac{1}{5}z^{-20}y^3dy + by^3dy + 5y^{-\frac{1}{5}+1}dz \times \left\{ y^2 . \left(\frac{1+z}{z-z^2}\right) + y^{\frac{1}{5}+3} . \left(\frac{az^2+b}{z^2+z^3}\right) \right\}$ $= 0$, laquelle devient en réduiſant $(b - \frac{1}{5}z^{-20})y^3dy + \left\{ z^{-21} + \left(\frac{5az^2+5b}{z^2+z^3}\right) \right\} y^4dz + 5y^{2+\frac{1}{5}}dz \times \left(\frac{1+z}{z-z^2}\right) = 0$, équation qui a les conditions cherchées.

C X I.

COROLLAIRE. Si dans la formule du Problême précédent on avoit $A - A' = B - B'$, alors la formule ſe réduiroit à un cas plus ſimple. Car en multipliant p par ω & π par q, & ω & q l'un par l'autre, on verroit que les deux fonctions $\frac{p}{q}$ & $\frac{\pi}{\omega}$ ſe réduiroient à une ſeule $\frac{K}{L}$, telle qu'en ſuppoſant m l'expoſant de x, & μ l'expoſant de y dans K, m' l'expoſant de x & μ' l'expoſant de y dans L, on aura encore dans chacun des termes de K $-\frac{m}{g} + \mu = C$ & dans chaque terme de L, $-\frac{m'}{g} + \mu' = C'$, C & C' étant des conſtantes différentes. Ce feroit la même chofe fi l'on avoit $\frac{p}{q} + \frac{\pi}{\omega} + \frac{p'}{q'} + \frac{\pi'}{\omega'}$ + &c. un nombre quelconque de fonctions avec la condition requife par le Corollaire ; elles fe réduiroient toutes à une feule.

CXII.

PROBLEME 6. Trouver les cas d'intégrabilité de l'équation $dx + \frac{fx\,dy}{y} = \frac{y^k x^r dy \Delta \frac{x}{y^n} + y^t x^s dx Z \frac{x}{y^n}}{y^m x^p \varphi \frac{x}{y^n} + y^q x^h \Gamma \frac{x}{y^n}}$ dans laquelle on fuppofe $n = -f$.

SOLUTION. Soit . . . . $\frac{x}{y^n} = u$

on aura . . . . . . $y^{-n} dx - nxy^{-n-1} dy = du$

(& comme $-f = n$ hyp.) $y^f dx + fxy^{f-1} dy = du$

ou . . . . $dx + \frac{fx\,dy}{y} = y^{-f} du$.

En faifant pour x & dx les fubftitutions convenables, on aura la transformée fuivante $y^{-f} du =$

$$\frac{y^{k-fr} dy \Delta u \times u^r + y^{t-fs-f} du Z u \times u^s - fu^{s+1} Zu \,.\, y^{t-fs-f-1} dy}{y^{m-fp} u^p \varphi u + y^{q-fh} u^h \Gamma u}$$

ou bien $y^{m-fp-f} u^p \varphi u \,.\, du + y^{q-fh-f} u^h \Gamma u \,.\, du - u^r \Delta u \,.\, y^{k-fr} dy - y^{t-fs-f} u^s Zu \,.\, du + fu^{s+1} Zu \,.\, y^{t-fs-f-1} dy = 0$, équation qui fe ramene à la formule $Vy^\lambda dy + V' y^{\lambda+1} du + V'' y^\mu du = 0$ (V, V', V'' étant des fonctions de u) toutes les fois qu'on a $k - fr = t - fs - f - 1$

& . . . . $q - fh$

ou $= t - fs$

$m - fp$

c'eft-à-dire,

c'eſt-à-dire, toutes les fois qu'on aura $k = t - f - 1$

$s = r$

& . . . . $\begin{matrix} q = t \\ h = s \end{matrix}$ ou $\begin{matrix} m = t \\ p = s \end{matrix}$

CXIII.

COROLLAIRE. Donc on ſéparera les indéterminées dans l'équation $dx - \frac{xdy}{y} = \frac{dy \Delta \frac{x}{y}}{\varphi \frac{x}{y} + y^p \Gamma \frac{x}{y}}$ en faiſant $\frac{x}{y} = u$. Car on aura l'équation ſuivante $- \Delta u . dy + \varphi u . y du + y^{p+1} \Gamma u . du = 0$ qui a les conditions requiſes.

CXIV.

Soit dans la formule . . . . $k = 3$ — Application de la formule à un exemple.

$f = 1$

$q = t = 5$

$h' = r = s = 2$

$n = -1$

$m = -2$

$p = -3$

la propoſée ſera $dx + \frac{xdy}{y} = \frac{ay^4 x^3 dy + by^7 x^4 dx}{cy + gy^6 x^3}$. Je ſuppoſe $xy = u$; ce qui me donne $dx + \frac{xdy}{y} = y^{-1} du$ & pour transformée l'équation $y^{-1} du = \frac{au^3 ydy + by^2 u^4 du - bu^5 ydy}{cy + gu^3 y^3}$, ou bien $cdu + gy^2 u^3 du - au^3 ydy - by^2 u^4 du + bu^5 ydy = 0$, d'où l'on tire $(+u^5 - au^3) ydy + (gu^3 - bu^4) y^2 du + cdu = 0$, qui eſt réduite à l'état demandé.

CXV.

REMARQUE. On voit par les applications que nous venons de faire de la méthode du Chapitre VII. combien cette méthode est générale. Nous rencontrerons encore dans la suite de cet Ouvrage plusieurs équations différentielles qui s'integrent par son moyen. Les Problêmes que nous venons de traiter renferment les cas les plus généraux qui peuvent s'y rapporter.

CHAPITRE IX.

Examen général de tous les cas particuliers d'intégration des équations à trois termes.

CXVI.

Formule des équations à trois termes.

TOutes les équations différentielles à trois termes peuvent être comprises sous la forme suivante (A) $ax^m u^p dx + bu^k x^n dx = du$, ou en faisant $x^{n+1} = z$, sous cette autre (B) $az^m u^p dz + bu^k dz = du$. Si on divise l'équation (B) par u^p, & que l'on suppose $u^{-p+1} = y$, alors l'équation (B) aura cette forme (C) $ax^m dx + by^q dx = dy$.

Comparée avec celle du Chapitre VI.

1°. Comparant cette équation avec la formule des équations à trois termes que nous avons déja examinée (Chap. VI. Art. LXXXII.) & qui est $ay^n x^m dx + by^q x^p dx$

$+ cy^s x^r dy = 0$, on a . . . . $n = 0$

$p = 0$

$s = 0$

$r = 0$.

La formule $(s - q + 1) \times (p - m) = (p - r + 1) \times (n - q)$, qui exprime la condition que doit avoir l'équation précédente pour devenir homogene, est donc ici $q = \frac{m}{m+1}$. Donc toutes les fois qu'on aura dans (C) $q = \frac{m}{m+1}$, en faisant $x = u^{\frac{1}{m+1}}$, on aura $au^{\frac{m}{m+1}} du - (m+1) \cdot u^{\frac{m}{m+1}} dy + cy^{\frac{m}{m+1}} du = 0$, équation homogene, & par conséquent intégrable, ou au moins constructible.

2°. Si $q = 1$, la proposée (C) devient $ax^m dx + cydx = dy$, équation intégrable (Chap. VII.).

CXVII.

3°. Si dans l'équation $ax^m dx + cy^q x^n dx = dy$, on a $q = 2$, cette équation devient $ax^m dx + cyyx^n dx = dy$, qui est la fameuse équation que tous les Géometres connoissent sous le nom de l'équation de Ricati. Dans cette équation on n'a pu jusques ici séparer en général les indéterminées ; mais il y a une infinité de valeurs de m dans lesquelles on parvient à cette séparation. Voici la méthode dont je me sers pour déterminer tous ces différents cas.

CXVIII.

Méthode pour trouver les cas dans lesquels on integre l'équation de Ricati.

PROBLEME. Trouver les cas d'intégration de l'équation $ax^m dx + cy^2 x^n dx = dy$.

SOLUTION. Je fais $y = Ax^p + x^r t$. (Le coefficient A, & les exposants p & r sont des constantes arbitraires que nous déterminerons dans la suite de l'opération, t est une nouvelle indéterminée). J'aurai donc $dy = pAx^{p-1} dx + rx^{r-1} t dx + x^r dt$, & $yy = AAx^{2p} + 2Ax^{p+r} t + x^{2r} tt$: mettant pour y, yy, dy leurs valeurs dans l'équation proposée, elle devient $ax^m dx + cAAx^{2p+n} dx + 2cAtx^{p+r+n} dx + cttx^{2r+n} dx = pAx^{p-1} dx + rtx^{r-1} dx + x^r dt$.

Supposons à présent . . . . $cAA = pA$

$$2p + n = p - 1$$

$$r = 2cA$$

c'est-à-dire . . . . $p = -n - 1$,

$$A = \frac{-n-1}{c}$$

$$r = -2n - 2.$$

Par le moyen de ces égalités, les 2, 3, 5, 6e termes de la transformée se détruisent, & elle devient $ax^m dx + cttx^{-3n-4} dx = x^{-2n-2} dt$, c'est-à-dire, divisant par x^{-2n-2}, $ax^{m+2n+2} dx + cttx^{-n-2} dx = dt$, ou (D) $ax^K dx + cttx^k dx = dt$, en supposant $m + 2n + 2 = K$ & . . . . $-n - 2 = k$

Je reprends à présent la proposée $ax^m dx + cyyx^n dx = dy$, laquelle en faisant $y = \frac{1}{z}$ devient $ax^m dx$

$+ \frac{cx^n dx}{zz} = -\frac{dz}{zz}$, ou $ax^m zz dx + cx^n dx = -dz$, dans laquelle je suppose, comme plus haut, $z = Bx^q + x^\alpha u$ (B, q, α, sont de même des constantes indéterminées, u est une nouvelle variable) : on a donc $dz = qBx^{q-1}dx + \alpha u x^{\alpha-1}dx + x^\alpha du$, $zz = BBx^{2q} + 2Bx^{q+\alpha}u + uux^{2\alpha}$, & substituant ces valeurs, nous avons $aBBx^{2q+m}dx + 2aBx^{q+\alpha+m}udx + auux^{2\alpha+m}dx + cx^n dx = -qBx^{q-1}dx - \alpha x^{\alpha-1}udx - x^\alpha du$; supposons à présent $aBB = -Bq$, $2q+m = q-1$, $-\alpha = 2aB$, c'est-à-dire . . . . $q+m = -1$

$$B = \frac{m+1}{a}$$

$$\alpha = -2m-2$$

par ces suppositions les 1er, 2, 5 & 6e termes de la derniere équation se détruisent, & elle devient $auux^{-3m-4}dx + cx^n dx = -x^{-2m-2}du$, c'est-à-dire en divisant par x^{-2m-2}, $cx^{2m+n+2}dx + auux^{-m-2}dx = -du$, ou enfin ($G$) $cx^\beta dx + auux^\delta dx = -du$ en supposant

$$\beta = 2m+n+2$$

& . . . . $\delta = -m-2$.

CXIX.

Il est évident que dans l'équation $ax^m dx + cyyx^n dx = dy$, on sépareroit tout de suite les indéterminées, si l'on avoit $m = n$; donc dans les formules (D) & (G), on parviendra à cette séparation toutes les fois qu'on aura

$$m+2n+2 = -n-2$$

& . . . . $2m+n+2 = -m-2$

équations d'où l'on tire deux valeurs de m, ſavoir

$$m = -3n - 4$$

& . . . . $m = \frac{-n-4}{3}$,

leſquelles étant ſuppoſées, les indéterminées ſe ſéparent.

Puiſque dans la propoſée on ſépare les indéterminées, lorſque $m = \frac{-n-4}{3}$, on les ſéparera dans les formules (G), (D), lorſque $K = \frac{-k-4}{3}$, & $B = \frac{-\delta-4}{3}$, équations deſquelles on tire deux autres valeurs de m, ſavoir

$$m = \frac{-5n-8}{3}$$

$$m = \frac{-3n-8}{5}.$$

On trouvera, en continuant ainſi, une infinité d'autres valeurs de m, comme . . . . $m = \frac{-7n-12}{5}$

$$m = \frac{-5n-12}{7}$$

$$m = \frac{-9n-16}{7}$$

$$m = \frac{-7n-16}{9} \text{ \&c.}$$

c'eſt-à-dire en général . . . . $m = \frac{(2h \pm 1)x - n - 4h}{2h \mp 1}$, h repréſente un nombre quelconque entier, poſitif en commençant par l'unité.

CXX.

REMARQUE 1. Il faut ajouter qu'on ſéparera les indéterminées dans la formule précédente, toutes les fois qu'on la pourra rendre homogene par la ſeconde méthode du Chap. VI.

CXXI.

REMARQUE 2. Si dans l'équation $ax^m dx +$

$byyx^n dx = dy$, on ſuppoſe $n = 0$, elle devient $ax^m dx + byydx = dy$, & la formule trouvée dans le Problême pour la valeur de m, ſera $m = \frac{(2h \pm 1) \times -n-4h}{2h \mp 1}$ devient $m = \frac{-4h}{2h \mp 1}$; dans ce cas voici la méthode qu'il faut ſuivre pour trouver l'équation algébrique qui répond à l'équation $-ax^{\frac{-4h}{2h \mp 1}} dx + byydx = dy$. Prenons cette autre équation (A) $-ads + bttds = dt$, qui donne (α) $-ds = \frac{dt}{a-btt}$, différentielle dont l'intégrale eſt (par les méthodes des fractions rationelles) en ajoutant une conſtante C, $C - s = \frac{1}{2\sqrt{ab}} \times (l\sqrt{a} + t\sqrt{b} - l\sqrt{a} - t\sqrt{b})$, & en prenant k pour le nombre dont le logarithme eſt l'unité, on a (B) $k^{\overline{C-s} \cdot 2\sqrt{ab}} = \frac{\sqrt{a}+t\sqrt{b}}{\sqrt{a}-t\sqrt{b}}$.

Méthode pour trouver l'équation algébrique qui répond à l'équation propoſée dans la ſuppoſition de $n = 0$.

L'équation (B) eſt donc identique avec l'équation (α), je fais dans l'une & dans l'autre $s = -x^{-1}$

& . . . . $t = \frac{1}{b}x + xxy$,

les équations qui réſulteront de ces ſubſtitutions ſeront encore identiques ; on a $ds = \frac{dx}{xx}$ $dt = \frac{dx + 2byxdx + bxxdy}{b}$ $tt = \frac{xx + 2bx^3y + bby^2x^4}{bb}$. Subſtituant ces valeurs dans l'équation (α), on a $\frac{-dx}{xx} = \frac{dx + 2byxdx + bxxdy}{ab - xx - 2bx^3y - b^2y^2x^4}$, ou $-abdx + xxdx + 2bx^3ydx + b^2y^2x^4dx = xxdx + 2bx^3ydx + bx^4dy$, ou en effaçant ce qui ſe détruit $-adx + by^2x^4dx = x^4dy$, & enfin en diviſant par x^4, $-ax^{-4}dx + byydx = dy$ premiere équation réduite.

Maintenant l'équation exponentielle (B) devient après des réductions fort ſimples (D) $k^{(Cx+1) \cdot 2\frac{\sqrt{ab}}{x}} = \frac{x + bxxy + \sqrt{ab}}{-x - bxxy + \sqrt{ab}}$. Mais C eſt une quantité arbitraire.

1°. Je la ſuppoſe une quantité infinie poſitive, le premier membre de l'équation exponentielle ſera infini : il faudra donc néceſſairement que l'autre le ſoit auſſi. Or c'eſt ce qui arrive, lorſque ſon dénominateur eſt $= 0$, on aura donc $-x - bxxy + \sqrt{ab} = 0$, ce qui donne $y = \frac{-x+\sqrt{ab}}{bxx}$, ou $y = -\frac{1}{bx} + \frac{1}{xx}\sqrt{\frac{a}{b}}$, équation compriſe dans l'intégrale de $-ax^{-4}dx + byydx = dy$.

2°. Si on ſuppoſe C une quantité infinie négative, le premier membre de l'équation (D) ſera $= 0$, donc le numérateur du ſecond membre ſera auſſi $= 0$; c'eſt-à-dire qu'on aura $x + bxxy + \sqrt{ab} = 0$: ce qui donne $y = -\frac{1}{bx} - \frac{1}{xx}\sqrt{\frac{a}{b}}$; & combinant l'une & l'autre valeur de y, on a $y = -\frac{1}{bx} \pm \frac{1}{xx}\sqrt{\frac{a}{b}}$ pour l'intégrale cherchée de l'équation $-ax^{\frac{-4h}{2h-1}}dx + byydx = dy$ dans laquelle on ſuppoſe $h = 1$.

On voit par là comment il faudra s'y prendre pour trouver l'intégrale de cette même équation, en donnant ſucceſſivement à h différentes valeurs.

CHAPITRE

CHAPITRE X.

Recherche générale de l'intégration des équations à quatre termes.

CXXII.

Toutes les équations à quatre termes peuvent se réduire à l'une de ces deux formes,

Ces équations sont toutes comprises dans deux formules.

$$x^m dx + by^p x^n dx + cy^s dx + ady = 0$$

ou $x^m dx + by^p dx + cy^s x^r dy + ady = 0.$

1°. Si l'on cherche, comme on a fait pour les équations à trois termes, les cas où ces sortes d'équations peuvent être intégrées, on trouvera dans le premier cas $p = \frac{m-n}{m+1}$ & . . . . $s = \frac{m}{m+1}$. Car soit $x^m dx + by^p x^n dx + cy^s dx + ady = 0$, & faisons $x = u^{\frac{1}{m+1}}$, en mettant dans la transformée pour p & s leurs valeurs, on aura l'équation suivante $\frac{du}{m+1} + \frac{by^{\frac{m-n}{m+1}} u^{\frac{n-m}{m+1}} du}{m+1} + \frac{cy^{\frac{m}{m+1}} u^{\frac{-m}{m+1}} du}{m+1} + ady = 0$, laquelle est homogene. Donc, &c.

Premiere maniere de chercher les cas d'intégration de ces formules.

En examinant ceux dans lesquels elles peuvent devenir homogenes.

2. Dans le second cas nous avons déja vu (Chap. VI. Art. LXXXVI.) que l'équation à quatre termes $ax^m y^n dx + by^p x^q dx + cx^r y^s dy + fx^e y^u dy = 0$, qui est plus générale que la précédente, devenoit homogene, 1°. si l'on avoit $(s-p+1) . (q-m) = (q-r+1) . (n-p)$;

2°. $(u-p+1).(q-m)=(q-e+1).(n-p)$.

Comparant cette équation avec la propoſée, on a $n=0$

$q=0$

$e=0$

$u=0$

ce qui nous avertit qu'on doit avoir $\frac{s+1}{m+1-r}=\frac{p}{m}$, & $p=\frac{m}{m+1}$, c'eſt-à-dire $p=\frac{m}{m+1}$ & $s=\frac{-r}{m+1}$. Enſuite on fera $x=u^{\frac{1}{m+1}}$, ce qui donne, en ſubſtituant ces différentes valeurs, la transformée $\frac{du}{m+1}+\frac{by^{\frac{m}{m+1}}u^{\frac{-m}{m+1}}du}{m+1}+cu^{\frac{r}{m+1}}y^{\frac{-r}{m+1}}dy+ady=0$, homogene comme dans le cas précédent.

CXXIII.

Nouvelle méthode pour chercher les cas d'intégration des équations à quatre termes.

Mais il y a d'autres méthodes pour découvrir encore de nouveaux cas d'intégration dans les formules précédentes : nous allons les examiner, 1°. pour la formule $x^m dx + by^p x^n dx + cy^s dx + ady = 0$.

Appliquée à la premiere formule.

Il eſt viſible que ſi dans cette équation on fait $y=gu^q x^h$, elle ſe changera en une équation de cinq termes, dont on pourra ſuppoſer que deux ſe détruiſent dans certains cas particuliers, ce qui réduira la transformée à trois termes. L'équation de cinq termes eſt $x^m dx + bg^p u^{pq} x^{n+ph} dx + cg^s u^{qs} x^{hs} dx + agqu^{q-1} x^h du + aghx^{h-1} u^q dx = 0$, équation dans laquelle on voit d'abord que ſi on ſuppoſe 1°. $bg^p u^{qp} x^{n+ph} dx +$

$cg^s u^{qs} x^{hs} dx = 0$, on aura . . . . $s = p$

$n = 0$

$b = -c$

& la proposée sera par conséquent $x^m dx + ady = 0$, qui n'a que deux termes. Donc on ne peut faire cette premiere supposition.

2°. On ne peut supposer non plus $cg^s u^{qs} x^{hs} dx + aghx^{h-1} u^q dx = 0$, comme il est aisé de le voir; car alors on auroit $s = 1$ & $h = h - 1$; ce qui est absurde.

3°. La seule supposition qu'on puisse faire sans que la proposée se réduise à n'avoir que deux termes, est celle de $bg^p u^{qp} x^{n+ph} dx + aghx^{h-1} u^q dx = 0$, qui nous donne . . . . $p = 1$

$n = -1$

$h = -\frac{b}{a}$

Donc en faisant $y = gu^q x^{-\frac{b}{a}}$, ou simplement $y = ux^{-\frac{b}{a}}$, l'équation $x^m dx + byx^{-1} dx + cy^s dx + ady = 0$ se réduit à celle-ci de trois termes $x^m dx + cu^s x^{-\frac{bs}{a}} dx + agx^{-\frac{b}{a}} du = 0$. Or il est évident 1°. que cette équation est intégrable ou au moins constructible, si $m = -\frac{bs}{a}$: car alors on a $\frac{dx}{x^{\frac{bs}{a}}} + \frac{cu^s dx}{x^{\frac{bs}{a}}} + \frac{adu}{x^{\frac{b}{a}}} = 0$, & multipliant toute l'équation par $x^{\frac{bs}{a}}$, on a $dx + cu^s dx + ax^{\frac{-b+bs}{a}} du = 0$; ou enfin $\frac{dx}{x^{\frac{-b+bs}{a}}} =$

Equation transformée.

Cas dans lesquels elle est intégrable ou constructible.

$\frac{-a\,du}{1+cu^s}$; équation dans laquelle les indéterminées sont séparées. Donc l'équation $x^m dx + byx^{-1} dx + cy^s dx - \frac{bs}{m} dy = 0$ est intégrable.

2°. Si on réduit l'équation $x^m dx + cu^s x^{-\frac{bs}{a}} dx + ax^{-\frac{b}{a}} du = 0$ à la forme $x^m dx + a\,dy + by^p dx = 0$, en la mettant sous celle-ci $x^{m+\frac{b}{a}} dx + cu^s x^{-\frac{bs}{a}+\frac{b}{a}} dx + a\,du = 0$, & qu'on fasse $x^{-\frac{bs}{a}+\frac{b}{a}+1} = z$; ce qui donne $x = z^{\frac{a}{-bs+b+a}}$ &c. on aura après les substitutions ordinaires $z^{\frac{am+bs}{-bs+b+a}} dz + q\,du + ku^s dz = 0$: d'où l'on conclura que si $s = \frac{m}{m+1}$, on peut intégrer, puisqu'alors l'équation est $z^m dz + q\,du + ku^{\frac{m}{m+1}} dz = 0$, qui devient homogene en faisant $z = y^{\frac{1}{m+1}}$. En effet, cette transformation nous donne $Ay^{\frac{m}{m+1}} dy + qy^{\frac{m}{m+1}} du + Bu^{\frac{m}{m+1}} dy = 0$.

Si $s = 1$, alors l'équation devient $q\,du + ku\,dz + z^{\frac{am+b}{a}} dz = 0$, dans laquelle les indéterminées se séparent par la méthode du Chapitre VII.

De même si $s = 2$, l'intégration sera possible toutes les fois que $\frac{am+2b}{a-b} = \frac{-4n}{2n\pm1}$, n exprimant un nombre entier positif, puisqu'alors c'est le cas de l'équation de Ricati.

CXXIV.

Application de cette même méthode à la seconde formule.

En appliquant cette méthode à la seconde formule des équations à quatre termes $x^m dx + by^p dx + cy^s x^r dy + a dy = 0$ mise sous cette autre forme plus commode & aussi générale $dx + by^p x^r dx + cy^s x^n dy + a dy = 0$, on trouve outre les cas dont l'intégration se présente d'elle-même, ou qui se rapportent à ceux dans lesquels $p = \frac{m}{m+1}$ & $s = \frac{-r}{m+1}$, on trouve, dis-je, qu'en supposant . . . . $c = -b$

$s = p - 1$

$n = r + 1$

l'équation $dx + by^p x^r dx - by^{p-1} x^{r+1} dy + a dy = 0$ sera toujours intégrable en faisant $y = ux$. En effet la transformée devient alors $(1 + au) dx + ax du - bu^{p-1} x^{r+p+1} du = 0$, qui est intégrable par la méthode générale du Chapitre VII.

CXXV.

SCHOLIE. Après avoir examiné les cas dans lesquels on peut intégrer chacune des deux formules des équations à quatre termes, il ne sera pas inutile de chercher aussi les cas d'intégration de l'équation $x^m dx + a dy + byx^n dx$ $cyy dx = 0$, qui ne differe de celle de Ricati que par le terme $byx^n dx$. C'est ce que nous allons faire dans le Chapitre suivant.

CHAPITRE XI.

Examen des cas d'intégration de l'équation $x^m dx + ady + byx^n dx + cyydx = 0$.

CXXVI.

PROBLEME. TRouver les cas d'intégrabilité de l'équation $x^m dx + ady + byx^n dx + cyydx = 0$.

Transformation nécessaire dans le cas présent.

SOLUTION. Soit $y = px^r + fx^s z^t$; on voit bien que p, r, s, t, f étant des indéterminées que nous prenons à volonté, nous serons les maîtres de leur donner dans la suite telle valeur que nous voudrons. Après les substitutions on aura la transformée suivante (*A*) $x^m dx + aprx^{r-1} dx + afsz^t x^{s-1} dx + aftx^s z^{t-1} dz + bpx^{r+n} dx + bfx^{s+n} z^t dx + cppx^{2r} dx + 2cpfx^{r+s} z^t dx + cffx^{2s} z^{2t} dx = 0$; pour abreger, on laissera dans la solution suivante p au lieu de sa valeur $\frac{-1}{b+am+a}$.

Equation transformée.

CXXVII.

Premiere supposition pour cette équation.

Soit d'abord $afsz^t x^{s-1} dx + bfx^{s+n} z^t dx = 0$, on aura . . . . $n = -1$

$s = -\frac{b}{a}$.

Soit encore . . . . $m = r - 1$

& . . . . $bp + apr + 1 = 0$

$t = 1$

$f = 1$;

la transformée (A) sera $(1 + apr + bp) \cdot x^{r-1} dx - bzx^{-\frac{b}{a}-1} dx + ax^{-\frac{b}{a}} dz + bzx^{-\frac{b}{a}-1} dx + cppx^{2r} dx + 2pczx^{r-\frac{b}{a}} dx + cz^2 x^{-\frac{2b}{a}} dx = 0$: & en réduisant cette équation suivant les suppositions précédentes, elle devient (B) $cppx^{2r} dx + ax^{-\frac{b}{a}} dz + 2cpx^{r-\frac{b}{a}} zdx + cx^{-\frac{2b}{a}} zzdx = 0$, d'où l'on tire ce premier Théorême.

THÉOREME I. Si l'équation $x^m dx + ady + byx^{-1} dx + cyydx = 0$ est intégrable, l'équation $cppx^{2m+2+\frac{b}{a}} dx + adz + 2cpx^{m+1} zdx + cx^{-\frac{b}{a}} z^2 dx = 0$ est aussi intégrable. Nous fournit trois Théorêmes.

DÉMONSTRATION. A cause de $r = m + 1$
f & $t = 1$
$s = -\frac{b}{a}$

la supposition de $y = px^r + fx^s z^t$ devient ici $y = px^{m+1} + x^{-\frac{b}{a}} z$; ce qui donne la transformée suivante $(bp + amp + ap + 1) \cdot x^m dx - bzx^{-\frac{b}{a}-1} dx + ax^{-\frac{b}{a}} dz + bzx^{-\frac{b}{a}-1} dx + cppx^{2m+2} dx + 2cpzx^{m+1-\frac{b}{a}} dx + czzx^{-\frac{2b}{a}} dx = 0$; mais à cause de $r = m + 1$, la supposition précédente de $bp + apr + 1 = 0$, se change en $bp + amp + ap + 1 = 0$; multipliant de plus toute l'équation par $x^{\frac{b}{a}}$, & effaçant ce qui se détruit, on a $cppx^{2m+2+\frac{b}{a}}dx + adz + 2cpzx^{m+1}dx + czzx^{-\frac{b}{a}}dx = 0$. Donc, &c. C'est ce qu'on trouveroit de même en mettant dans l'équation (B) pour r sa valeur $m+1$.

En supposant toujours . . . . . . $s = -\frac{b}{a}$

$n = -1$

$f = 1$

$t = 1$

Soit encore . . . . $r = -1$

$cp + b - a = 0$

la transformée générale (A) devient l'équation suivante $x^m dx + cppx^{-2}dx + bpx^{-2}dx - apx^{-2}dx - bzx^{-\frac{b}{a}-1}dx + ax^{-\frac{b}{a}}dz + bzx^{-\frac{b}{a}-1}dx + 2cpx^{-\frac{b}{a}-1}zdx + cx^{-\frac{2b}{a}}zzdx = 0$, qui devient à cause de l'hypothese de $cp + b - a = 0$, & en effaçant ce qui se détruit, $x^m dx + ax^{-\frac{b}{a}}dz + 2cpx^{-\frac{b}{a}-1}zdx + cx^{-\frac{2b}{a}}z^2 dx = 0$, d'où l'on tire ce second Théorême.

THÉOREME 2. Si l'équation $x^m dx + ady + bx^{-1}ydx + cyydx = 0$ est intégrable, l'équation $x^m dx + ax^{-\frac{b}{a}}dz + 2cpx^{-\frac{b}{a}-1}zdx + cx^{-\frac{2b}{a}}z^2 dx = 0$ l'est aussi.

Enfin en laissant toujours la supposition de $s = -\frac{b}{a}$

$n = -1$

$f = 1$

$t = 1$

faisant

faisant de plus . . . . $r = \frac{m}{2}$

$p = \sqrt{-\frac{1}{c}}$,

on trouvera de la même façon que ci-dessus le Théorême suivant.

THÉOREME 3. Si l'équation $x^m dx + ady + byx^{-1} dx + cyydx = 0$ est intégrable, l'équation $(apr + bp) . x^{\frac{m}{2} - 1} dx + ax^{-\frac{b}{a}} dz + 2cpzx^{\frac{m}{2} - \frac{b}{a}} dx + czzx^{-\frac{2b}{a}} dx = 0$, qui est sa transformée en supposant $y = px^{\frac{m}{2}} + x^{-\frac{b}{a}} z$, l'est aussi.

CXXVIII.

SCHOLIE I. Les trois Théorêmes précédents nous donnent trois équations dont l'intégration dépend de celle de $x^m dx + ady + byx^{-1} dx + cyydx = 0$; mais nous prouverons dans le Théorême 7 suivant que cette équation, lorsque $b = 2a$, est intégrable dans les mêmes cas que celle de Ricati. Donc les trois équations $cppx^{2m+4} dx + adz + 2cpzx^{m+1} dx + cx^{-2} z^2 dx = 0$, $x^m dx + ax^{-2} dz + 2cpzx^{-3} dx + cz^2 x^{-4} dx = 0$, & $(apr + 2ap) . x^{\frac{m}{2} - 1} dx + ax^{-2} dz + 2cpzx^{\frac{m}{2} - 2} dx + cz^2 x^{-4} dx = 0$, sont aussi intégrables dans les mêmes cas que l'équation de Ricati.

CXXIX.

Soit maintenant $afsx^{s-1} z^t dx + 2cpfx^{r+s} z^t dx = 0$, Seconde supposition qui donne aussi trois Théoremes.

ce qui donne . . . . $r = -1$

$s = -\frac{2cp}{a}$

Soit aussi . . . . $cp = a$,

ce qui donne . . . . $s = -2$

& soit encore . . . . $n = m + 1$;

$p = -\frac{1}{b}$

f & $t = 1$,

on trouvera le Théorême suivant.

THÉOREME 4. En général toutes les équations $x^m dx + ady + byx^{m+1} dx - aby^2 dx = 0$ sont intégrables.

DÉMONSTRATION. La substitution qu'il faut faire dans le cas présent est celle-ci, $y = px^{-1} + x^{-2} z$; mettant les valeurs qu'elle fournit pour y & dy dans l'équation précédente, elle devient $x^m dx - apx^{-2} dx - 2cpzx^{-3} dx + ax^{-2} dz + bpx^m dx + bzx^{m+1} dx - abp^2 x^{-2} dx - 2abpzx^{-3} dx - abx^{-4} z^2 dx = 0$. Substituant dans cette équation pour p sa valeur $-\frac{1}{b}$, suivant l'hypothese de $cp = a$, & effaçant ce qui se détruit, on aura pour transformée l'équation suivante, $adz + bzx^{m+1} dx - abz^2 x^{-2} dx = 0$, qui s'integre par la méthode générale du Chapitre VII.

Supposant encore . . . . $r = -1$

$cp = a$

$s = -2$

$n = m + 1$

f & $t = 1$,

on découvre la proposition suivante.

THÉOREME 5. Si l'équation $x^m dx + ady + byx^{m+1} dx + cyy dx = 0$ est intégrable, la suivante, $(bp+1) . x^m dx + ax^{-2} dz + bx^{m-1} z dx + cx^{-4} z^2 dx = 0$, qui est sa transformée, en supposant $y = px^{-1} + x^{-2} z$, l'est aussi. Or nous venons de voir (Théorème 4.) qu'on séparoit les indéterminées dans l'équation $x^m dx + ady + byx^{m+1} dx + cyy dx = 0$, lorsque $c = -ab$; donc on les séparera de même dans l'équation $(bp+1) . x^m dx + ax^{-2} dz + bx^{m-1} z dx + czzx^{-4} dx$; ce qui est évident, puisque la supposition de $c = -ab$, donne $abp + a = 0$, & par conséquent $bp+1 = 0$. Donc on aura $ax^{-2} dz + bx^{m-1} z dx + czzx^{-4} dx = 0$, équation intégrable par la méthode du Chapitre VII.

Supposant toujours . . . . $r = -1$

$$s = -\frac{2cp}{a}$$

$$f \& t = 1$$

& faisant . . . . $m = -2$

$$cpp - ap + 1 = 0$$

on trouvera le Théorême suivant.

THÉOREME 6. Si l'équation $x^{-2} dx + ady + byx^n dx + cyy dx = 0$ est intégrable; l'équation $bpx^{n-1} dx + ax^{-\frac{2cp}{a}} dz + bx^{n-\frac{2cp}{a}} z dx + cx^{-\frac{4cp}{a}} zz dx = 0$ l'est aussi. On démontrera cette proposition à peu près de la même façon que les précédentes.

CXXX.

Troisieme supposition.

Soit enfin cette autre supposition, $bfx^{s+n}z^t dx + 2cpfx^{r+s}z^t dx = 0$, on en tire . . $r = n$

$p = -\frac{b}{2c}$.

Soit aussi . . . . $n = -1$

$s = 1$

$t = 1$

& . . . . $cpp + bp - ap = 0$,

ce qui donne . . . . $b = 2a$,

on trouvera la proposition suivante.

Fournit trois nouveaux Théorêmes.

THÉOREME 7. $x^m dx + ady + bax^{-1}ydx + cyydx = 0$ est intégrable dans les mêmes cas que l'équation de Ricati.

DEMONSTRATION. Mettant dans la transformée générale (A) pour r, pour n & pour s leurs valeurs, & suivant la condition de $cpp + bp - ap = 0$; elle devient $x^m dx + azdx + bzdx + axdz + 2cpzdx + cz^2x^2dx = 0$. Mais à cause de $p = -\frac{b}{2c}$, cette équation se change en la suivante $x^m dx + azdx + axdz + cz^2x^2dx = 0$; & enfin en faisant $xz = u$, on a $x^m dx + adu + cuudx = 0$ qui est l'équation même de Ricati.

En supposant toujours . . . . $r = n$

$p = \frac{-b}{2c}$,

& supposant de plus . . . . $n - 1 = m$

$apr + 1 = 0$,

on tire des suppositions précédentes . . $c = \frac{-b}{2p}$

& . . . . $p = -\frac{1}{ar} = \frac{-1}{am+a}$.
Donc $c = \frac{abm+ab}{-2}$. Ces conditions nous donnent le Théorême suivant.

THE'OREME 8. L'équation $x^m dx + ady + byx^{m+1} dx + \left\{\frac{abm+ab}{2}\right\} . yydx = 0$ s'integre dans les mêmes cas que ceux dans lesquels on peut intégrer l'équation de Ricati.

DE'MONST. Substituant dans la transformée générale (A) pour r, s, n leurs valeurs, & effaçant ce qui se détruit, elle se change dans l'équation suivante, $azdx + axdz - \frac{bb}{4c} x^{2m+2} dx + cz^2 x^2 dx = 0$; & en faisant $xz = u$, $\frac{-bb}{4c} = B$, on aura $Bx^{2m+2} dx + adu + cu^2 dx = 0$, qui est l'équation de Ricati.

THE'OREME 9. Si on ne suppose pas $apr + 1 = 0$, on trouvera qu'en général si $x^m dx + ady + byx^{m+1} dx + cyydx = 0$ est intégrable, alors $(cpp + bp) . x^{2m+2} dx + (apr + 1) . x^m dx + adu + cu^2 dx = 0$ l'est aussi. C'est ce qui est évident par l'inspection seule de la transformée générale (A), en y mettant seulement pour r, s, & n leurs valeurs, & en y faisant $xz = u$.

CXXXI.

SCHOLIE 2. En supposant $x^m dx + ady = fdz$, ce qui donne . . . . . $\frac{x^{m+1}}{m+1} + ay = fz$ Autre transformation dont on peut encore se servir.

& . . . . $y = \frac{fz - \frac{x^{m+1}}{m+1}}{a}$, l'équation $x^m dx + ady + byx^n dx + cyydx = 0$ devient (X) $fdz + \frac{bfzx^n dx - \frac{bx^{m+1+n}dx}{m+1}}{a} + \frac{cf^2z^2dx - \frac{2cfzx^{m+1}dx}{m+1} + \frac{cx^{2m+2}dx}{(m+1)^2}}{aa} = 0.$

Equation transformée.

CXXXII.

Premiere supposition pour cette équation.

Supposant 1°. dans la transformée (X) $-\frac{bx^{m+1+n}dx}{a.(m+1)} + \frac{cx^{2m+2}dx}{aa.(m+1)^2} = 0$, ou bien $cx^{2m+2}dx = (m+1).abx^{m+1+n}dx$, on en tire .... $c = (m+1).ab$

$m = 1$

$n = 2$;

ce qui donne le Théorême suivant.

Nous donne un Théorême.

THÉOREME 10. $x^m dx + ady + byx^{m+1}dx + (m+1).aby^2dx = 0$ est intégrable. Car par les suppositions précédentes la transformée générale (X) devient $a^2fdz - (m+1).abzx^{m+1}dx + (m+1).fcz^2dx = 0$, équation dans laquelle les indéterminées se séparent par la méthode du Chapitre VII.

CXXXIII.

Seconde supposition qui donne aussi un Théorême.

2°. Supposant $\frac{bfzx^n dx}{a} - \frac{2cfzx^{m+1}dx}{aa.(m+1)} = 0$, on en tire $n = m+1$; $c = \left\{\frac{m+1}{2}\right\}.ab$, ce qui nous donne le Théorême suivant.

THÉOREME 11. $x^m dx + ady + byx^{m+1}dx +$

$\left\{\frac{m+1}{2}\right\} . aby^2 dx = 0$ eſt intégrable dans les mêmes cas que $x^{2m+2} dx + adz + cz^2 dx = 0$, comme on l'a trouvé déja ci-deſſus dans le Théorême 8. C'eſt ce qui eſt évident en obſervant dans la transformée (X) les conditions que donne la ſuppoſition précédente.

CXXXIV.

SCHOLIE 3. Si l'on fait dans l'équation $x^m dx + ady + byx^n dx + cyydx = 0$, ... $n = 0$ Dernier cas d'intégration de la formule.

s & $t = 1$,

la transformée générale (A) devient (F) $x^m dx + aprx^{r-1} dx + afzdx + afxdz + bpx^r dx + bfxzdx + cppx^{2r} dx + 2cpfx^{r+1} zdx + cffx^2 z^2 dx = 0$.

CXXXV.

Soit maintenant dans cette derniere équation $bfxzdx + 2cpfx^{r+1} zdx = 0$, on en tire . . $r = 0$

$p = -\frac{b}{2c}$.

Soit auſſi . . . . $f = 1$.

En effaçant ce qui eſt multiplié par zéro & ce qui ſe détruit dans l'équation (F), on a $x^m dx + azdx + axdz - \frac{bb}{4c} dx + cx^2 z^2 dx = 0$; & enfin en faiſant $xz = u$, on a $x^m dx + adu - \frac{bb}{4c} dx + cu^2 dx = 0$; ce qui nous donne le Théorême ſuivant.

THÉOREME 12. Si $x^m dx + ady + bydx + cyydx = 0$ eſt intégrable, (B) $x^m dx - \frac{bb}{4c} dx + adu +$

$cu^2 dx = 0$ l'eſt auſſi. Donc réciproquement la premiere pourra être intégrée dans tous les cas où l'on integrera cette derniere.

On trouve, par exemple, que ſi $m = 2$ & $\frac{b^4}{16caa} = -1$, cette derniere équation (B) eſt intégrable. Car ſoit dans cette équation, $u = \frac{z}{a} + \frac{bbx}{4ac}$, on aura la transformée ſuivante $x^2 dx - \frac{bb}{4c} dx + dz + \frac{bbdx}{4c} + \frac{czzdx}{aa} + \frac{bbzxdx}{2aa} + \frac{b^4 x^2 dx}{16aac} = 0$. Or cette équation dans l'hypotheſe de $\frac{b^4}{16caa} = -1$ ſe réduit à la ſuivante $2aadz + bbzxdx + 2cz^2 dx = 0$, dans laquelle on ſépare les indéterminées. Donc (B) eſt intégrable dans le cas préſent. D'où il faut conclure que $x^2 dx + ady + bydx - \frac{b^4 y^2 dx}{16aa} = 0$ l'eſt auſſi.

CXXXVI.

Recherche des cas d'intégrabilité de deux nouvelles équations à quatre termes.

REMARQUE. Outre l'équation $x^m dx + ady + byx^n dx + cyydx = 0$, nous pouvons auſſi chercher les cas d'intégrabilité des deux équations

$$x^m dx + bx^n dx + ady + cyydx = 0$$

$$\&\ .\ .\ x^m dx + ady + bx^n dy + cyydx = 0,$$

qui ne different non plus de l'équation de Ricati que par un ſeul terme.

CXXXVII.

Examen de la premiere.

Soit donc 1°. $x^m dx + bx^n dx + ady + cyydx = 0$, l'équation à intégrer : faiſons $y = px^r + fx^s z^t$, nous aurons $dy = rpx^{r-1} dx + ftx^s z^{t-1} dz + fsz^t x^{s-1} dx$, & pour transformée l'équation ſuivante, (D) $x^m dx + bx^n dx$

$bx^n dx + aprx^{r-1} dx + afsx^{s-1} z^t dx + aftz^{t-1} x^s dz$
$+ cppx^{2r} dx + 2cpfx^{r+s} z^t dx + cffx^{2s} z^{2t} dx = 0.$

Soit $afsx^{s-1} z^t dx + 2cfpx^{r+s} z^t dx = 0$, on en tire . . . . $r = -1$

$s = -\frac{2cp}{a}$.

Soit . . . . $cp = a$

$t = 1$,

on trouvera . . . . $f = 1$.

THÉOREME 13. Si l'équation $x^m dx + bx^n dx + ady + cyydx = 0$ est intégrable, la suivante $x^m dx + bx^n dx + ax^{-2} dz + cx^{-4} z^2 dx = 0$ l'est aussi; puisque c'est sa transformée en faisant $y = \frac{ax^{-1}}{c} + x^{-2} z$.

THÉOREME 14. Soit encore . . $r = -1$

$s = -\frac{2cp}{a}$,

& de plus soit . . . . $m = -2$

& . . . . $-ap + cpp + 1 = 0$;

on pourra intégrer l'équation $x^{-2} dx + bx^n dx + ady + cyydx = 0$ dans le cas où l'on peut intégrer la suivante $bx^n dx + afx^s dz + cffx^{2s} z^2 dx = 0$; ce qui est évident, puisque c'est sa transformée en faisant $y = px^{-1} + x^{-1} z$, & effaçant ce qui se détruit par la supposition de $cpp - ap + 1 = 0$.

THÉOREME 15. Soit maintenant $x^m dx + aprx^{r-1} dx = 0$, on en tire . . . . $r = m + 1$

$apr = -1$.

Soit de plus . . . . $cpp + b = 0$

$n = 2m + 2$

$$f = 1$$
$$t = 1$$
$$s = 1.$$

La transformée générale (D) devient ici $x^m dx + bx^{2m+2} dx + (m+1) . apx^m dx + azdx + axdz + cppx^{2m+2} dx + 2cpx^{m+2} zdx + cz^2 x^2 dx = 0$, qui se réduit par les suppositions précédentes à $azdx + axdz + 2cpx^{m+2} zdx + cz^2 x^2 dx = 0$; qui est intégrable par la méthode du Chapitre VII.; ce qui est évident en mettant l'équation sous cette forme $axdz + (a + 2cpx^{m+2}) zdx + cz^2 x^2 dx = 0$. D'où il suit que l'équation $x^m dx + bx^{2m+2} dx + ady - (m+1)^2 aaby^2 dx = 0$ est intégrable.

CXXXVIII.

Examen de la seconde équation.

2°. Examinons maintenant la formule $x^m dx + bx^n dy$ $ady + cyydx = 0$: faisons $y = px^r + fx^s z^t$; on aura pour transformée l'équation suivante (Y) $x^m dx + bprx^{r+n-1} dx + bfsx^{n+s-1} z^t dx + bftx^{s+n} z^{t-1} dz + aprx^{r-1} dx + afsx^{s-1} z^t dx + aftz^{t-1} x^s dz + cppx^{2r} dx + 2cpfx^{r+s} z^t dx + cffx^{2s} z^{2t} dx = 0$.

Supposons maintenant $afsx^{s-1} z^t dx + 2cpfx^{r+s} z^t dx = 0$, on aura . . . . $r = -1$

$$s = -\frac{2cp}{a}.$$

Soit . . . . $cp = a$

$$n = m+2$$
$$bp - 1 = 0,$$

on en conclura,

THÉOREME 16. que $x^m dx + bx^{m+2} dy + ady + aby^2 dx = 0$ est intégrable.

DEMONST. Car par les conditions précédentes la transformée générale (Y) devient ici $x^m dx - bpx^m dx - 2bzx^{m-1} dx + bx^m dz - apx^{-2} dx - 2ax^{-3} zdx + ax^{-2} dz + abppx^{-2} dx + 2abpx^{-3} zdx + abx^{-4} z^2 dx = 0$; laquelle, après les réductions que donne la supposition de $bp - 1 = 0$, devient étant multipliée par xx, $(a + bx^{m+2}).dz - 2bzx^{m+1} dx + cz^2 x^2 dx = 0$, qui, comme on le voit, est dans le cas de notre méthode générale du Chapitre VII.

Soit ensuite $bfsx^{n+s-1} z^t dx + 2cpfx^{r+s} z^t dx = 0$, on en tire .... $r = n - 1$

$$s = -\frac{2cp}{br}.$$

Soit à présent .... $cp + br = 0$

$$f \ \& \ t = 1$$

$$m = n - 2$$

$$apr + 1 = 0, \text{ on aura } s = 2.$$

Ces suppositions nous donnent le Théorême suivant.

THÉOREME 17. $x^m dx + bx^{m+2} dy + ady + (m+1)^2 . aby^2 dx = 0$ est intégrable. Car substituant dans la transformée générale (Y) pour r, n, s, f, t, leurs valeurs, faisant les réductions qu'amenent les suppositions de $cp + bm + b = 0$, & de $apm + ap + 1 = 0$, on aura l'équation suivante $(ax^2 + bx^{m+4}) . dz + 2axzdx + (m+1)^2 . abz^2 x^4 dx = 0$. Donc, &c.

CXXXIX.

REMARQUE. Il eſt bon d'obſerver ici qu'une équation $x^m dx + by^n x^p dx + cx^s y^r dy + ady = 0$, ou $x^m dx + ady + by^n x^p dx + cy^r dx = 0$, ne peut être changée par transformation en une autre de la même forme, & dont les coefficiens ſoient tous trois donnés. Il ne peut y avoir que deux de ces coefficiens de donnés. La raiſon en eſt qu'en faiſant $x = fu$, $y = gz$, on formera trois équations différentes, quoiqu'on n'ait que deux inconnues f, g.

CHAPITRE XII.

Méthode pour conſtruire les équations différentielles à deux variables, dans leſquelles l'une des deux indéterminées manquent.

CXL.

Procédé de la méthode.

TOute équation différentielle à deux variables, à quelque degré que les dx & les dy y ſoient élevées, ſe conſtruit toujours lorſque l'une des deux indéterminées finies y manque. La méthode qu'il faut ſuivre dans ce cas, conſiſte à faire $dx = \frac{z\,dy}{a}$, ſi c'eſt x qui manque, ou $dy = \frac{z\,dx}{a}$ ſi c'eſt y qui manque. (z eſt une nouvelle indéterminée, & a une conſtante quelconque.) Car par

Quelle eſt la ſubſtitution qu'elle employe.

cette ſubſtitution, en mettant, par exemple, $\frac{zdy}{a}$ au lieu de dx dans la propoſée, il eſt évident qu'on aura une transformée toute diviſible par une puiſſance de dy qui ſe trouvera la même par-tout, & par conſéquent que la transformée ſera toute compoſée de quantités finies. On aura auſſi la valeur de z en y & en conſtantes, & la raiſon d'y à z, ſera exprimée par une équation ou par une courbe algébrique. Mettant donc dans l'équation $dx = \frac{zdy}{a}$ pour dy ſa valeur trouvée par le procédé précédent, les indéterminées ſeront ſéparées.

Pour faire mieux ſentir l'eſprit de cette méthode, appliquons-la à quelques exemples. Application de la méthode à quelques exemples.

CXLI.

Soit l'équation $ydy^3dx = adx^4 + 2adx^2dy^2 + ady^4$, dans laquelle il ne ſe trouve aucune dimenſion finie de x. Suivant ce que nous venons de dire, je fais $dx = \frac{zdy}{a}$; $dx^2 = \frac{zzdy^2}{aa}$; $dx^4 = \frac{z^4dy^4}{a^4}$. Mettant ces valeurs de dx, dx^2, dx^4 dans la propoſée, j'ai la transformée ſuivante $\frac{zydy^4}{a} = \frac{z^4dy^4}{a^3} + \frac{2zzdy^4}{a} + ady^4$, c'eſt-à-dire, en diviſant par dy^4 qui eſt commun à tous les termes $\frac{zy}{a} = \frac{z^4}{a^3} + \frac{2zz}{a} + a$; de cette équation je tire aiſément la valeur de $y = \frac{z^3}{aa} + 2z + \frac{aa}{z}$; & celle de $dy = \frac{3z^2dz}{aa} + 2dz - \frac{aadz}{zz}$: donc $\frac{zdy}{a} = dx = \frac{3z^3dz}{a^3} + \frac{2zdz}{a} - \frac{adz}{z}$. J'intègre cette équation. Son intégrale eſt $x - \frac{3z^4}{4a^3} - \frac{zz}{a} + alz + C = 0$. Premier exemple.

On a donc la valeur des deux coordonnées x & y de la proposée par le moyen de deux courbes qui ont une indéterminée commune z.

Figure 5. Ayant donc pris les abscisses z sur l'axe AB, je décris la courbe DEC de l'équation $y = \frac{z^3}{aa} + 2z + \frac{aa}{z}$, & la courbe NLM de l'équation $x - \frac{3z^4}{4a^3} - \frac{zz}{a} + alz + C = 0$. . . . . $BC = y$

$BM = x$

seront les coordonnées de la courbe différentielle proposée.

Pour la construire je mene KO parallele à BM, je prolonge MO en Q, ensorte qu'on ait toujours $OQ = BC$, & QPR sera la courbe cherchée.

CXLII.

Second exemple. Soit encore l'équation $y^3 dx^5 + aaydydx^4 = a^3 dy^5$. Je fais $dx = \frac{zdy}{a}$, & après les mêmes substitutions que dans l'exemple précédent, il me vient ici $\frac{y^3 z^5 dy^5}{a^5} + \frac{aaz^4 ydy^5}{a^4} = a^3 dy^5$, & en réduisant $y^3 z^5 + a^3 yz^4 = a^8$.

Figure 6. Pour avoir la courbe de l'équation différentielle proposée, sur l'axe DH, je construis la courbe EF de l'équation $z^5 y^3 + a^3 z^4 y = a^8$; CD étant $= y$, & $CF = z$. Sur FC prolongée je prends CA égal à l'espace $DCFE$ divisé par a: on aura donc $CA = \int \frac{zdy}{a} = x$, & le point A appartient à la courbe cherchée.

CXLIII.

SCHOLIE. Cette méthode est, comme on le voit,

assez étendue, d'autant plus qu'elle s'applique, comme nous le dirons dans la suite, aux différentielles d'un ordre plus élevé que le premier degré. M. d'Alembert en donne une encore plus générale dans un Mémoire imprimé parmi ceux de l'Académie de Berlin, année 1748. Sa méthode a deux avantages. 1°. Elle ne suppose pas qu'une des deux indéterminées manque dans l'équation. 2°. Elle mene tout de suite à l'intégration. Nous allons l'expliquer dans le Chapitre suivant.

CHAPITRE XIII.

Méthode pour intégrer plusieurs équations différentielles dans lesquelles dx *&* dy *sont élevées à différentes puissances.*

CXLIV.

DEMANDE. NOus supposerons toujours dans ce Chapitre $z = \frac{dx}{dy}$, & il ne faut pas oublier que $\frac{dx}{dy}$ est une quantité finie, comme nous l'avons dit Article XXXIV.

CXLV.

AVERTISSEMENT. La supposition qu'on fait ici de $\frac{dx}{dy} = z$, donne $dz = \frac{dyddx - dxddy}{dy^2}$; par conséquent, comme dans les deux méthodes pour lesquelles la présente supposition a lieu, dz se rencontre assez souvent, il sembleroit que ces méthodes appartiennent aux différentielles du second ordre. Cependant nous avons cru devoir les traiter ici, parce que dz y est sous une forme de différentielle du premier degré.

CXLVI.

Conditions qu'exige cette méthode.

PROBLEME I. Trouver l'intégrale d'une équation différentielle qui renferme telles fonctions qu'on voudra de dx & de dy, & dans laquelle x & y se trouvent, pourvu qu'ils ne soient ni multipliés ni divisés l'un par l'autre, ni élevés à aucune puissance plus grande que l'unité.

Formule des équations auxquelles on la peut appliquer.

SOLUTION. Ces sortes d'équations peuvent se représenter par la formule $x = y\varphi z + \Delta z$ (φz & Δz marquant des fonctions quelconques de z, c'est-à-dire de $\frac{dx}{dy}$).

Procédé de la méthode appliquée à cette formule.

Je commence par différentier cette formule, j'ai $dx = dy\varphi z + yd(\varphi z) + d(\Delta z)$; ou mettant pour dx sa valeur zdy, on a $zdy = dy\varphi z + yd(\varphi z) + d(\Delta z)$; ou $dy(\varphi z - z) + yd(\varphi z) + d(\Delta z) = 0$. Donc $dy + \frac{yd(\varphi z) + d(\Delta z)}{\varphi z - z} = 0$, équation qui est dans le cas de la méthode de M. Bernoulli que nous avons expliquée dans le Chapitre VII., & de laquelle on tire aisément la valeur de y en z; car en prenant c pour le nombre dont le logarithme est l'unité, on a $yc^{\int\frac{d(\varphi z)}{\varphi z - z}} + \int\frac{d(\Delta z)}{\varphi z - z} \times c^{\int\frac{d(\varphi z)}{\varphi z - z}} = A$. ($A$ est une constante quelconque ajoutée pour rendre l'intégrale complete.) Par conséquent on trouvera aussi la valeur de x, puisque $dx = zdy$, & $x = \int zdy$.

CXLVII.

CXLVII.

COROLLAIRE. Si $x = y\varphi z$, c'eſt le cas des équations homogenes que nous avons appris à intégrer dans le Chapitre V. Il eſt cependant pris ici dans un autre ſens que celui des équations homogenes de M. Bernoulli. Car ici on a $\frac{x}{y} = \varphi z = \varphi \frac{dx}{dy}$, au lieu que dans le cas de M. Bernoulli on a $\frac{dx}{dy} = \varphi \frac{x}{y}$. Quoique ces deux cas rentrent l'un dans l'autre, cependant il ſeroit quelquefois fort difficile de ramener le premier au ſecond; c'eſt-à-dire, de tirer de $\frac{x}{y} = \varphi \frac{dx}{dy}$, l'équation $\frac{dx}{dy} = \varphi \frac{x}{y}$. C'eſt pourquoi il étoit fort utile d'avoir une méthode particuliere pour chacun de ces deux cas. Celle que nous expliquons ici apprend en général à intégrer toute équation $x = y\varphi z$, φz étant une fonction quelconque de z, même avec des ſignes $\int$.

Le cas des équations homogenes ſe réſout par cette méthode.

CXLVIII.

Néanmoins cette méthode ſuppoſe qu'on ait la valeur de $\frac{x}{y}$ en z; mais on peut par un autre moyen réſoudre encore plus généralement le cas préſent. Soit, comme dans tout ce Chapitre, $z = \frac{dx}{dy}$, & $x = yk$, (z & k étant deux nouvelles changeantes) la propoſée devient une équation algébrique quelconque entre z & k. Je conſtruis la courbe qui eſt le lieu de cette équation, & j'ai pour chaque z la correſpondante k, & *vice verſâ*. Or de ce que $x = yk$, & $dx = zdy$, il s'enſuit qu'on aura $zdy = ydk + kdy$, & $\frac{dy}{y} = \frac{dk}{z-k}$; donc nous parviendrons à

Autre maniere plus générale de réſoudre le cas des équations homogenes.

trouver la valeur de y en construisant & en quarrant la courbe dont les abscisses sont k, & dont les ordonnées sont $\frac{1}{z-k}$.

CXLIX.

Aussi bien que l'équation du Chap. Chap. VI. Art. XC.

COROLLAIRE 2. L'équation $gxdx + hydx + fdx = axdy + bydy + cdy$, pour laquelle nous avons donné une méthode particuliere, est aussi un cas particulier du Problême précédent. En effet, cette équation est la même que la suivante $dx = \left\{\frac{ax+by+c}{gx+hy+f}\right\} dy$, ou $\frac{dx}{dy} = \frac{ax+by+c}{gx+hy+f}$. Donc on a $z = \frac{ax+by+c}{gx+hy+f}$: ou $zgx + zhy + zf = ax + by + c$; donc $zgx - ax = -zhy - fz + by + c$; donc $x = y\left\{-\frac{zh+b}{zg-a}\right\} + \frac{c-fz}{zg-a}$; donc enfin $x = y\varphi z + \Delta z$ qui est la formule du Problême. Donc la proposée s'integrera par la même méthode que cette formule.

C L.

Application à une seconde formule.

PROBLEME 2. Trouver les cas d'intégrabilité de l'équation $x^m y^n z^r = \varphi(x^q y^s z^t)$ dans laquelle $z = \frac{dx}{dy}$; m, n, r, q, s, t marquent des nombres quelconques.

SOLUTION. Je fais $x^q y^s z^t = u$,

donc . . . . $x = u^{\frac{1}{q}} y^{-\frac{s}{q}} z^{-\frac{t}{q}}$

$$x^m = u^{\frac{m}{q}} y^{-\frac{ms}{q}} z^{-\frac{mt}{q}};$$

mais nous avons $x^m y^n z^r = \varphi u$, donc $y^n z^r = \frac{\varphi u}{x^m}$;

donc $y^n z^r = \frac{\varphi u}{u^{\frac{m}{q}} y^{-\frac{ms}{q}} z^{-\frac{mt}{q}}} = (\varphi u) \,.\, u^{-\frac{m}{q}} y^{\frac{ms}{q}} z^{\frac{mt}{q}}$.

Donc $y^n = (\varphi u) \,.\, u^{-\frac{m}{q}} y^{\frac{ms}{q}} z^{\frac{tm-rq}{q}}$, ou $y^{\frac{nq-ms}{q}} = (\varphi u) u^{-\frac{m}{q}} z^{\frac{tm-rq}{q}}$. Donc enfin $y = (\varphi u)^{\frac{q}{nq-ms}} \times u^{\frac{-m}{nq-ms}} z^{\frac{tm-rq}{nq-ms}}$. Donc $x = u^{\frac{1}{q}} z^{-\frac{t}{q}} y^{-\frac{s}{q}}$, (& en mettant pour $y^{-\frac{s}{q}}$ sa valeur,) $= (\varphi u)^{\frac{-s}{nq-ms}} \times u^{\frac{n}{nq-ms}} z^{\frac{rs-nt}{nq-ms}}$. Mais (Problême 1.) $dx = z dy$. Donc si on substitue les valeurs de dx & de dy dans cette derniere équation, on trouvera les conditions d'intégrabilité de la maniere suivante. Cas d'intégration de cette formule.

CLI.

Supposant $(\varphi u)^{\frac{q}{nq-ms}} \,.\, u^{-\frac{m}{nq-ms}} = V'$, & $(\varphi u)^{\frac{-s}{nq-ms}} u^{\frac{n}{nq-ms}} = V$ pour abréger le calcul. Nous aurons Maniere de les trouver.

$x = V z^{\frac{rs-nt}{nq-ms}}$, &

$y = V' z^{\frac{tm-rq}{nq-ms}}$.

Donc à cause de l'équation $dx = z dy$, on a $d\left\{V z^{\frac{rs-nt}{nq-ms}}\right\} = z d\left\{V' z^{\frac{tm-rq}{nq-ms}}\right\}$, c'est-à-dire, $z^{\frac{rs-nt}{nq-ms}} dV + \left\{\frac{rs-nt}{nq-ms}\right\} V z^{\frac{rs-nt}{nq-ms}-1} dz = z^{\frac{nq-ms+tm-rq}{nq-ms}} dV' + \left\{\frac{tm-rq}{nq-ms}\right\} V' z^{\frac{tm-rq}{nq-ms}} dz$, équation qui est intégrable dans tous les cas suivants.

CLII.

Premier cas d'intégration.

1°. Si $tm - rq = 0$. Car alors on a $z^{\frac{rs-nt}{nq-ms}} dV + \left\{\frac{rs-nt}{nq-ms}\right\} V z^{\frac{rs-nt}{nq-ms} - 1} dz = z\,dV'$, équation qui est dans le cas de la Méthode du Chapitre VII.

De l'équation $tm - rq = 0$ on tire $\frac{t}{r} = \frac{q}{m}$, donc la proposée devient $x^m z^r y^n = \varphi y^s x^{\frac{tm}{r}} z^{\frac{rq}{m}}$, & supposant $\frac{t}{r} = p$, on a $x^m z^r y^n = \varphi y^s x^{pm} z^{pr}$. Je fais $x^m z^r = k$, donc j'ai $ky^n = \varphi y^s k^p$, donc $k = \Delta y$; donc $x^m z^r = \Delta y$, équation facile à intégrer. La méthode que nous expliquons a l'avantage de fournir le moyen d'intégrer ces sortes d'équations différentielles sans chercher la valeur de $x^m z^r$ en y, ce qu'il seroit souvent impossible de trouver.

CLIII.

Second cas d'intégration de la même formule.

2. L'équation est intégrable dans le cas où $rs - nt = 0$. Car alors on a $V^{-1} dV = z^{\frac{tm-rq}{nq-ms} + 1} V'^{-1} dV' + \left\{\frac{tm-rq}{nq-ms}\right\} V'' z^{\frac{tm-rq}{nq-ms}} dz$, équation encore constructible par la même méthode de M. Bernoulli, Chapitre VII.

L'équation $rs - nt = 0$ change la proposée $x^m y^n z^r = \varphi x^q y^s z^t$, en la suivante $x^m y^n z^r = \varphi (x^q y^{\frac{nt}{r}} z^{\frac{rs}{n}})$, d'où l'on tirera $y^n z^r = Tx$, en suivant la même opération que ci-dessus.

CLIV.

3°. Si $nq - ms + tm - rq = rs - nt$, alors l'équation sera beaucoup plus simple que les précédentes. Car dans ce cas $\frac{tm-qr}{nq-ms} = \frac{nq-ms+tm-rq}{nq-ms} - 1 = \frac{rs-nt}{nq-ms} - 1$; Troisieme cas d'intégration.

donc notre derniere équation devient $z^{\frac{rs-nt}{nq-ms}} V^{-1} dV + \left\{\frac{rs-nt}{nq-ms}\right\} V z^{\frac{rs-nt}{nq-ms}-1} dz = z^{\frac{rs-nt}{nq-ms}} V''^{-1} dV'' + \left\{\frac{rs-nt}{nq-ms} - 1\right\} V'' z^{\frac{rs-nt}{nq-ms}-1} dz$, c'est-à-dire,

$$\frac{V^{-1} dV - V''^{-1} dV''}{\left\{\frac{rs-nt}{nq-ms} - 1\right\} V'' - \left\{\frac{rs-nt}{nq-ms}\right\} V} = \frac{z^{\frac{rs-nt}{nq-ms}-1} dz}{z^{\frac{rs-nt}{nq-ms}}},$$

équation qui est toute séparée.

Si dans le cas présent on fait $t = 0$, $r = 1$, au lieu de l'équation de condition $nq - ms + tm - rq = rs - nt$, on aura la suivante $nq - ms = q + s$. Dans ce cas la proposée $x^m y^n z^r = \varphi x^q y^s z^t$ devient $x^m y^n z = \varphi x^q y^s$. Donc en mettant pour z sa valeur $\frac{dx}{dy}$, on a $x^m y^n \frac{dx}{dy} = \varphi x^q y^s$, ou $dx = x^{-m} y^{-n} dy \varphi(x^q y^s)$; Donc en supposant . . . . $-m = p$,
$-n = t$

toute équation de cette forme $dx = x^p y^t dy \varphi(x^q y^s)$ sera intégrable si $-tq + ps = q + s$; ainsi l'équation $dx = \frac{ax}{y} dy \varphi(y^s x^q)$ est intégrable. Car on a en comparant terme à terme $p = 1$, $t = -1$: donc on a $-tq + ps = q + s$. De même dans l'équation $dx = dy \varphi(xy^s)$, $p = 0$, $t = 0$, $q = 1$; donc, &c.

CLV.

Celui des équations homogenes y est compris.

Le cas des équations homogenes de M. Bernoulli est renfermé dans l'équation génerale $-tq+ps=q+s$. Car ce cas peut se représenter, comme nous l'avons déja dit (Art. CXLVII.) par $\frac{dx}{dy}=\varphi\frac{x}{y}$, ou $dx=dy\varphi xy^{-1}$. Or comparant cette équation avec la formule de l'article précédent, on a . . . . . $p=0$; $t=0$

$q=1$; $s=-1$.

Donc $ps-tq=0$, & $q+s=0$; donc $-tq+ps=q+s$.

CLVI.

Par le même moyen on peut déterminer les conditions d'intégrabilité de l'équation $dx=a'x^m y^n dy+px^e y^h dy+fx^g y^l dy+$ &c. Pour y parvenir, je fais $x^b y^a=u$ (a & b sont deux indéterminées.) J'ai donc $x=u^{\frac{1}{b}}y^{-\frac{a}{b}}$; $dx=\frac{1}{b}y^{-\frac{a}{b}}u^{\frac{1}{b}-1}du-\frac{a}{b}u^{\frac{1}{b}}y^{-\frac{a}{b}-1}dy$; donc j'ai la transformée suivante $\frac{1}{b}y^{-\frac{a}{b}}u^{\frac{1}{b}-1}du=\frac{a}{b}u^{\frac{1}{b}}y^{-\frac{a}{b}-1}dy$ $+a'u^{\frac{m}{b}}y^{-\frac{am}{b}+n}dy+pu^{\frac{e}{b}}y^{-\frac{ae}{b}+h}dy+$ $fu^{\frac{g}{b}}y^{-\frac{ag}{b}+l}dy+$ &c. équation qu'on voit aisément être intégrable, toutes les fois que $-\frac{a}{b}-1=-\frac{am}{b}+n=-\frac{ae}{b}+h=-\frac{ag}{b}+l$. Or de l'équation $-\frac{a}{b}-1=-\frac{am}{b}+n$, je tire $-\frac{a}{b}+\frac{ma}{b}=n+1$, donc $+\frac{a}{b}=\frac{n+1}{m-1}$; de même de l'équation $+\frac{a}{b}-1$

$= -\frac{ea}{b} + h$ on tire $-\frac{a}{b} + \frac{ea}{b} = h + 1$. Donc $\frac{a}{b} = \frac{h+1}{e-1}$ &c. Donc la proposée est intégrable, toutes les fois que $\frac{n+1}{m-1} = \frac{k+1}{e-1} = \frac{l+1}{g-1}$ &c.

CLVII.

4°. Enfin si $nq - ms = 0$, on a $x^m = u^{\frac{m}{q}} y^{-\frac{sm}{q}} z^{-\frac{tm}{q}}$. Donc la proposée $x^m y^n z^r = \varphi u$, devient $u^{\frac{m}{q}} y^{\frac{nq-ms}{q}} z^{\frac{rq-tm}{q}} = \varphi u$ ou $u^{\frac{m}{q}} z^{\frac{rq-tm}{q}} = \varphi u$, & l'équation proposée s'integre toutes les fois que $n = -m$, & $q = -s$, ce qui rentre dans le cas des équations homogenes.

Quatrieme & dernier cas d'intégration de la même formule.

CLVIII.

REMARQUE. On ne retrouvera que les mêmes équations de condition, soit qu'on tire de l'équation différentielle proposée les valeurs de y & de z, ou de x & de z.

CLIX.

PROBLEME 3. Trouver les conditions d'intégrabilité de l'équation $x = y^k z^r \varphi (y^p z^n) + \Delta (y^p z^n)$.

Recherche des cas d'intégration d'une troisieme formule.

1°. Je suppose $y^p z^n = u$, donc $z = u^{\frac{1}{n}} y^{-\frac{p}{n}}$; or $z = \frac{dx}{dy}$, donc $\frac{dx}{dy} = u^{\frac{1}{n}} y^{-\frac{p}{n}}$: donc $dx = u^{\frac{1}{n}} y^{-\frac{p}{n}} dy$. On a aussi $z^r = u^{\frac{r}{n}} y^{-\frac{pr}{n}}$, donc $y^k z^r = u^{\frac{r}{n}} y^{k-\frac{pr}{n}}$, donc on a la transformée $x = u^{\frac{r}{n}} y^{k-\frac{pr}{n}} \varphi u + \Delta u$.

Nommant $u^{\frac{r}{n}}\varphi u$, V, j'ai $u^{\frac{1}{n}}y^{-\frac{p}{n}}dy = d(Vy^{k-\frac{pr}{n}} + \Delta u)$, par où il m'eſt facile de voir que l'équation ſe rapporte au cas général de M. Bernoulli expliqué (Ch. VII.) ſi $-\frac{p}{n}+1 = k-\frac{pr}{n}$.

2°. Si on fait encore $y^p z^n = u$, & qu'on en tire $y = u^{\frac{1}{p}} z^{-\frac{n}{p}}$, $dy = \frac{1}{p}u^{\frac{1}{p}-1}z^{-\frac{n}{p}}du - \frac{n}{p}z^{-\frac{n}{p}-1}u^{\frac{1}{p}}dz$: on aura $dx = zdy = \frac{1}{p}z^{-\frac{n}{p}+1}u^{\frac{1}{p}-1}du - \frac{n}{p}u^{\frac{1}{p}}z^{-\frac{n}{p}}dz$. D'ailleurs $y^k z^r = u^{\frac{k}{p}}z^{-\frac{nk}{p}+r}$, donc $x = u^{\frac{k}{p}}z^{-\frac{nk}{p}+r}\varphi u + \Delta u$.

Je nomme $u^{\frac{k}{p}}\varphi u$, V': j'ai donc dx, ou $\frac{1}{p}z^{-\frac{n}{p}+1}u^{\frac{1}{p}-1}du - \frac{n}{p}u^{\frac{1}{p}}z^{-\frac{n}{p}}dz = z^{-\frac{nk}{p}+r}dV' - \left\{\frac{nk}{p}-r\right\}V'z^{-\frac{nk}{p}+r-1}dz + d(\Delta u)$. Or ſi $-\frac{n}{p}+1 = -\frac{nk}{p}+r$, on aura $-\frac{n}{p} = -\frac{nk}{p}+r-1$; donc l'équation précédente devient $\frac{1}{p}z^{-\frac{n}{p}+1}u^{\frac{1}{p}-1}du - z^{-\frac{n}{p}+1}V'^{-1}dV' - d\Delta u = \frac{n}{p}z^{-\frac{n}{p}}u^{\frac{1}{p}}dz - \left\{\frac{n}{p}-1\right\}V'z^{-\frac{n}{p}}dz$, ou bien $z^{-\frac{n}{p}}dz \times \frac{n}{p}u^{\frac{1}{p}} + \left\{1-\frac{n}{p}\right\}V' + z^{-\frac{n}{p}+1}du \times \left\{V'^{-1}\frac{dV'}{du} - \frac{1}{p}u^{\frac{1}{p}-1}\right\} - d\Delta u = 0$. Or on voit bien que cette équation ſe rapporte au cas général de M. Bernoulli, de même que l'équation de l'article précédent.

CLX.

CLX.

COROLLAIRE. Si la proposée étoit $x = y^k z^r \varphi (y^p z^n) + y^{k'} z^{r'} \Delta (y^p z^n) + y^{k''} z^{r''} \Gamma (y^p z^n) +$ &c. je ferois comme ci-dessus $y^p z^n = u$, donc $z = u^{\frac{1}{n}} y^{-\frac{p}{n}}$, donc $dx = z dy = u^{\frac{1}{n}} y^{-\frac{p}{n}} dy$. Donc $u^{\frac{1}{n}} y^{-\frac{p}{n}} dy = d(u^{\frac{r}{n}} y^{-\frac{pr}{n}+k} \varphi u + u^{\frac{r'}{n}} y^{-\frac{pr'}{n}+k'} \Delta u + u^{\frac{r''}{n}} y^{-\frac{pr''}{n}+k''} \Gamma u +$ &c.) Donc la proposée sera intégrable, lorsqu'on aura $-\frac{p}{n} + 1 = -\frac{pr}{n} + k = -\frac{pr'}{n} + k' = -\frac{pr''}{n} + k''$, ou en faisant le même calcul que dans l'Article CLIX. lorsqu'on aura $\frac{p}{n} = \frac{k-1}{r-1} = \frac{k'-1}{r'-1} = \frac{k''-1}{r''-1}$ &c. ou bien lorsque k' & r', ou k'' & r'' &c. sont égaux à zéro.

CLXI.

REMARQUE. Toutes les méthodes que nous avons expliquées dans ce Chapitre pour les équations différentielles à deux variables du premier ordre, s'étendent aussi à celles d'un genre plus élevé. C'est ce que nous ferons voir dans la suite.

CLXII.

SCHOLIE GÉNÉRALE. La méthode dont nous avons donné un essai (Art. CXLVIII.) peut s'étendre à toutes les équations dans lesquelles faisant $y^p z^q = k$, on a une équation entre x & k. En effet on commencera par construire l'équation entre x & k, puis on observera que $y^{\frac{p}{q}} z =$

$k^{\frac{1}{q}}$, ou en mettant pour z sa valeur $\frac{dx}{dy}$, que $y^{\frac{p}{q}}dx = k^{\frac{1}{q}}dy$, ou bien $k^{-\frac{1}{q}}dx = y^{-\frac{p}{q}}dy$. Or il est évident que pour chaque x on a une valeur de k; donc on aura aussi pour chaque x une valeur de y correspondante.

CHAPITRE XIV.

Autre Méthode pour découvrir quelques équations intégrables par le moyen de l'équation $z = \frac{dx}{dy}$.

CLXIII.

Procédé de cette Méthode.

LA Méthode que nous allons expliquer ici consiste à préparer l'équation $dx = zdy$, ou $dx - zdy = 0$ de telle façon qu'on la puisse diviser en deux parties, dont l'une soit intégrable, & dont l'autre soit ou puisse devenir une différentielle exacte multipliée par une quantité quelconque. Ensuite on multipliera la premiere partie par une fonction de son intégrale, & on supposera que le produit de cette fonction par la quantité qui multiplie la différentielle dans la seconde partie soit égal à une fonction de l'intégrale de la différentielle contenue dans cette seconde partie. On aura par ce moyen une équation de condition qui rend la proposée intégrable.

CLXIV.

Je mets l'équation $dx - zdy = 0$ ſous la forme ſuivante $dx - zdy - ydz + ydz = 0$: je multiplie cette derniere équation par une fonction X de x, & j'y ajoute $zydX - zydX$, ce qui ne la change pas ; j'aurai $Xdx - Xzdy - Xydz - zydX + yXdz + zydX = 0$, ou bien $Xdx - Xzdy - Xydz - zydX = -yXdz - zydX$. Or le premier membre de cette équation eſt intégrable ; ſon intégrale eſt $\int Xdx - yzX$. Le ſecond membre eſt la différentielle de $-zX$, multipliée par y. En ſuivant donc le procédé qu'indique notre méthode, je multiplie le premier membre $Xdx - Xzdy - Xydz - yzdX$ par une fonction de ſon intégrale, & je ſuppoſe que le produit de cette fonction, par la quantité y qui multiplie la différentielle dans le ſecond membre, eſt égal à une fonction de zX. De cette hypotheſe je tire le Théorême ſuivant.

Application de cette Méthode.

CLXV.

THÉOREME. L'équation propoſée eſt intégrable ſi $y\varphi(\int Xdx - Xyz) = \Gamma zX$.

Car en pratiquant les opérations indiquées ci-deſſus, la propoſée devient $\{Xdx - d(Xyz)\} \times \varphi(\int Xdx - Xyz) = -d(Xz) \times y\varphi(\int Xdx - Xyz)$ qui ſe change par la ſuppoſition précédente en $\{Xdx - d(Xyz)\} \times \varphi(\int Xdx - Xyz) = -d(Xz) \cdot \Gamma(Xz)$; équation qu'on voit bien être intégrable.

CLXVI.

On peut encore exprimer ce Théorême de la façon suivante : l'équation $Xdx - d(Xyz) = -yd(Xz)$ est intégrable, si $\int Xdx - Xyz$ est égale à une fonction de $y\Delta(Xz)$.

Car de ce que $\int Xdx - Xyz = \varphi y\Delta(Xz)$, il s'ensuit que $y\Delta(Xz) = \Gamma(\int Xdx - Xyz)$: donc $\frac{1}{\Gamma(\int Xdx - Xyz)} = \frac{1}{y\Delta(Xz)}$: donc en multipliant les deux membres de notre équation par ces deux quantités égales, on aura $\frac{Xdx - d(Xyz)}{\Gamma(\int Xdx - Xyz)} = \frac{-d(Xz)}{\Delta(Xz)}$, équation intégrable.

CLXVII.

Premier exemple.

COROLLAIRE. Donc l'équation $\int Xdx = pyXz + qyX^n z^n + a$ est intégrable, p, q & a sont des constantes. En effet il est évident que cette équation peut se mettre sous la forme suivante $\int Xdx - yzX = pyzX - yzX + qyX^n z^n + a$, ou $\int Xdx - yzX = y.(pXz - Xz + qX^n z^n) + a = y\Delta(Xz) + a$.

Maintenant on voit que pour intégrer cette équation, il ne s'agit que de construire une courbe dont les coordonnées soient x & y. Soit . . . . . $Xz = r$

$$\int Xdx - yr = k$$

$$k = u + a,$$

on aura . . . . $k - a = y\Delta r$

& par conséquent. . . . . . . $y\Delta r = u$.

La ſuppoſition de $k = u + a$ nous donne $dk = du$. Mais ſuivant le Théorême précédent on a dans ce cas-ci $Xdx - d(Xyz) + yd(Xz) = 0$: donc on aura $dk + ydr = 0$, & $du + ydr = 0$: donc enfin en mettant pour y ſa valeur $\frac{u}{\Delta r}$, il nous vient $\frac{du}{u} + \frac{dr}{\Delta r} = 0$, équation facile à conſtruire & qui nous donne la valeur de y en u ou en r. y étant ainſi trouvée, cherchons x. Les ſuppoſitions précédentes nous donnent $\int Xdx - yr = u + a$. Soit $u + yr + a = t$, on aura $\int Xdx = t$. Je conſtruis une courbe BM, dans laquelle $PM = X$ Figure 7.

$AP = x$,

l'aire de cette courbe ou $ABMP$ ſera $= \int Xdx = t$. Je prends AB pour l'unité, & je ſuppoſe $PQ = \frac{PMBA}{AB} = \int \frac{Xdx}{1} = t$, QR ſera l'x cherchée.

CLXVIII.

Soit propoſée l'équation $x + Z + a = \frac{yyzdz}{2dZ} + \frac{zdZ}{2dz}$, Second exemple. a eſt une conſtante, & Z une fonction de z, c'eſt-à-dire de $\frac{dx}{dy}$.

Je commence par donner à cette équation la forme ſuivante $x - yz + Z + a = \frac{zdz}{2dZ} \times \left(y - \frac{dZ}{dz}\right)^2$ qu'on voit clairement être la même équation que la propoſée. Donc en prenant la racine quarrée des deux membres, on aura $\sqrt{(x - yz + Z + a)} = \left\{y - \frac{dZ}{dz}\right\} \sqrt{\frac{zdz}{2dZ}}$. Mais par l'hypotheſe $z = \frac{dx}{dy}$, donc $dx - zdy = 0$, & par conſéquent $dx - zdy - ydz + dZ + ydz -$

$dZ = 0$; donc $\frac{dx - zdy - ydz + dZ}{\sqrt{(x - yz + Z + a)}} = \frac{-ydz + dZ}{\left\{y - \frac{dZ}{dz}\right\}\sqrt{\frac{zdz}{2dz}}}$
$= \frac{-dz.\left\{y - \frac{dZ}{dz}\right\}}{\left\{y - \frac{dZ}{dz}\right\}\sqrt{\frac{zdz}{2dZ}}}$; donc enfin $\frac{dx - zdy - ydz + dZ}{\sqrt{(x - yz + Z + a)}}$
$= \frac{-dz}{\sqrt{\left\{\frac{zdz}{2dZ}\right\}}}$. J'ai donc en intégrant $\sqrt{(x - yz +}$
$Z + a) = \frac{1}{2}\int \frac{-dz}{\sqrt{\frac{zdz}{2dZ}}}$. Si on combine cette équation avec la proposée, on en tirera la valeur de x ou de y en z, ce qui donne le Théorême suivant.

CLXIX.

THÉOREME. Toutes les équations dans lesquelles $x - yz + Z + a = \varphi\left\{\left(y - \frac{dZ}{dz}\right)\Gamma z\right\}$, sont intégrables.

DÉMONSTRATION. Puisque $x - yz + Z + a = \varphi\left\{\left(y - \frac{dZ}{dz}\right).\Gamma z\right\}$, on aura $\varphi'(x - yz + Z + a) = \left\{y - \frac{dZ}{dz}\right\} \times \Gamma z$; & divisant par $\varphi'(x - yz + Z + a)$ l'équation $dx - zdy - ydz + dZ = -(ydz - dZ)$, on aura $\frac{dx - zdy - ydz + dZ}{\varphi'(x - yz + Z + a)} = \frac{-(ydz - dZ)}{\varphi'(x - yz + Z + a)} = \frac{-dz.\left\{y - \frac{dZ}{dz}\right\}}{\left\{y - \frac{dZ}{dz}\right\}.\Gamma z} = dz\Delta z$; équation dont on voit aisément que chaque membre est intégrable.

CLXX.

REMARQUE. On peut au lieu de $dx - zdy = 0$, mettre $dy - \frac{dx}{z} = 0$: alors il faudra substituer y à x,

x à y, $\frac{1}{z}$ à z dans les équations de condition, ce qui en donnera de nouvelles.

CHAPITRE XV.

Méthode pour intégrer quelques équations différentielles par le moyen des coefficients indéterminés.

CLXXI.

Cette Méthode eſt utile lorſqu'on a une, deux, trois, quatre, &c. équations à intégrer enſemble, ou lorſqu'on peut regarder une équation différentielle donnée, comme étant formée de pluſieurs autres équations. En général on integre par ſon moyen un nombre quelconque p d'équations différentielles, qui contiennent un nombre $p+1$ de variables t, x, y, z, u, &c. dont la premiere ait ſa différence dt conſtante, & dont les autres x, y, z, u, &c. & leurs différences ne ſont ni mêlées entre elles ni avec x, & y, &c. ni élevées à aucune puiſſance autre que l'unité, mais ſont ſeulement multipliées par des puiſſances convenables de dt. L'intégration n'auroit même aucune difficulté de plus, ſi dans chacune de ces équations il y avoit un terme quelconque compoſé comme on voudroit de t, de dt & de conſtantes.

Cas dans leſquels on peut ſe ſervir de cette Méthode.

Voici le procédé que nous fait ſuivre cette méthode.

*

CLXXII.

En quoi elle consiste.

On multiplie par un coefficient indéterminé la seconde des deux équations proposées, lorsqu'il n'y en a que deux; si on en a trois, on multiplie aussi la troisieme par une indéterminée différente de celle qui multiplie la seconde, & ainsi de suite. Après cette premiere opération, on ajoute ces équations les unes aux autres, on détermine les valeurs des coefficients indéterminés, & par leur moyen aussi celles de t, x, y, &c.

Avant d'appliquer cette méthode à des exemples, nous établirons une proposition qui nous est nécessaire pour la suite.

CLXXIII.

Lemme préparatoire.

LEMME. Si l'on a une fonction $\varphi(z+\xi)$, telle que la variable z croisse ou décroisse d'une quantité très-petite ξ, je dis qu'on aura $\varphi(z+\xi) = \varphi z + \xi \Delta z + \frac{\xi^2 \Gamma z}{2} + \frac{\xi^3 \psi z}{2.3} +$ &c. On suppose ici que $d(\varphi z) = dz \Delta z$, que $d(\Delta z) = dz \Gamma z$, que $d(\Gamma z) = dz \psi z$; & ainsi de suite.

DÉMONST. Soit $\varphi(z+\xi) = \varphi z + u$: je différentie cette équation en traitant z comme constante, ξ & u comme variables; j'aurai $d\xi \Delta(z+\xi) = du$: donc $u = \int d\xi \Delta(z+\xi)$: donc $\varphi(z+\xi) = \varphi z + \int d\xi \Delta(z+\xi)$. Soit maintenant $\Delta(z+\xi) = \Delta z + y$, j'aurai en regardant z comme constante & ξ & y comme variables $y = \int d\xi \Gamma(z+\xi)$: donc $\varphi(z+\xi) = \varphi z + \int d\xi \Delta z + \int d\xi \int d\xi \Gamma(z+\xi)$. Soit encore $\Gamma(z+\xi) = \Gamma z + t$,

j'aurai

j'aurai en ſuppoſant toujours z conſtante, ζ & t variables, $t = \int d\zeta \psi (z + \zeta)$; donc en ſubſtituant pour t cette valeur, on a $\Gamma (z + \zeta) = \Gamma z + \int d\zeta \psi (z + \zeta)$, & par conſéquent $\varphi (z + \zeta) = \varphi z + \int d\zeta \Delta z + \int d\zeta \int d\zeta \Gamma z + \int d\zeta \int d\zeta \int d\zeta \psi z +$ &c. on trouveroit une ſuite de termes à l'infini. Donc (Art. CCXVIII. 1ere Partie) $\varphi (z + \zeta) = \varphi z + \zeta \Delta z + \frac{\zeta^2 \Gamma z}{2} + \frac{\zeta^3 \psi z}{2 . 3} +$ &c.

CLXXIV.

COROLLAIRE. On trouvera par la même méthode que $c^{fx + \alpha x} = c^{fx} + \alpha x c^{fx} + \frac{\alpha^2 x^2 c^{fx}}{2} + \frac{\alpha^3 x^3 c^{fx}}{2 . 3} +$ &c. Car ſoit $c^{fx + \alpha x} = c^{fx} + t$, & ſoit x conſtante, α & t variables, on aura $c^{fx + \alpha x} x d\alpha = dt$, donc $t = \int c^{fx + \alpha x} x d\alpha$ & $c^{fx + \alpha x} = c^{fx} + \int c^{fx + \alpha x} x d\alpha$. Donc on aura une ſuite telle que $c^{fx + \alpha x} = c^{fx} + \int dx \alpha c^{fx} + \int x d\alpha c^{fx} \int x d\alpha c^{fx} + \int x d\alpha c^{fx} \int x d\alpha c^{fx} \int x d\alpha c^{fx} +$ &c. Donc en intégrant on a $c^{fx + \alpha x} = c^{fx} + \alpha x c^{fx} + \frac{\alpha^2 x x c^{fx}}{2} + \frac{\alpha^3 x^3 c^{fx}}{2 . 3 .} +$ &c.

Paſſons maintenant à l'application de notre méthode à des exemples.

CLXXV.

PROBLEME I. Trouver l'intégrale des deux équations

Application de la méthode aux cas où l'on a deux équations.

$$dx + (Cx + Dy) dt = 0$$
$$dy + (Kx + Ly) dt = 0.$$

SOLUTION. Suivant ce que nous avons dit, je multiplie la ſeconde de ces deux équations par un coefficient indéterminé v, elle devient

$$v\,dy + (Kx + Ly)\,v\,dt = 0;$$

j'ajoute cette équation à la premiere, ce qui me donne l'équation ſuivante

$$(A)\ dx + v\,dy + \{(C+Kv)x + (D+Lv)y\}\,dt = 0;$$

à préſent je fais en ſorte que $(C+Kv)x + (D+Lv)y$ ſoit un multiple de $x+vy$. J'aurai donc

$$Cx + Kvx + Dy + Lvy = Rx + Rvy,$$

(R eſt un coefficient conſtant quelconque.) Donc en comparant terme à terme les deux membres de cette équation, j'ai $C + Kv = R$, & $D + Lv = Rv$, ou $\frac{D+Lv}{v} = R$. Donc $C + Kv = \frac{D+Lv}{v}$: donc $Cv + Kvv = D + Lv$, ou bien $Kvv + Cv - Lv = D$, ou $vv + \frac{Cv}{K} - \frac{Lv}{K} = \frac{D}{K}$: donc $vv + \frac{Cv-Lv}{K} + \frac{CC}{4KK} - \frac{CL}{2KK} + \frac{LL}{4KK} = \frac{D}{K} + \frac{CC}{4KK} - \frac{CL}{2KK} + \frac{LL}{4KK}$: donc en prenant la racine quarrée $v = \frac{-C+L}{2K} \pm \frac{\sqrt{(4DK+CC-2CL+LL)}}{2K}$: donc enfin $(B)\ v = \frac{-C+L}{2K} \pm \frac{\sqrt{(L-C)^2+4DK}}{2K}$.

Je ſuppoſe à préſent . . . . . . $x + vy = u$

j'ai . . . . $dx + v\,dy = du$.

D'ailleurs l'équation $C + Kv = \frac{D+Lv}{v}$ donne $D + Lv = (C+Kv).v$. Donc $(C+Kv)x + (D+Lv)y = (C+Kv)x + (C+Kv)vy = (C+Kv).(x+vy) = (C+Kv)u$. Donc l'équation (A)

$$dx + v\,dy + \{(C+Kv)x + (D+Lv)y\}\,dt = 0$$

devient, en faiſant les ſubſtitutions précédentes,

$$du + (C + Kv)\, u\, dt = 0$$

ou . . . . $\frac{du}{u} = (C + Kv) \times - dt$

équation dont l'intégrale est, comme on le sait,

$$lu = (C + Kv) \times - t,$$

ou en prenant e pour le nombre dont le logarithme est l'unité, & g pour la constante, $lu = lge^{-(C+Kv)t}$

ou bien . . . . $u = ge^{-(C+Kv)t}$

Soient maintenant p, p' les deux valeurs de v trouvées par l'équation (B), au lieu de l'équation $x + vy = u$, on aura ces deux-ci . . . . . . (C) $x + py = u$

(D) $x + p'y = u'$;

& de même au lieu de l'équation $u = ge^{-(C+Kv)t}$

on aura les deux suivantes . . . . $u = ge^{-(C+Kp)t}$

$u' = g'e^{-(C+Kp')t}$.

Des deux équations (C) & (D), je tire aisément les valeurs de x & de y. Car retranchant l'équation $x + p'y = u'$ de l'équation $x + py = u$, j'ai $py - p'y = u - u'$:

Donc . . . . $y = \frac{u - u'}{p - p'}$.

Pour avoir maintenant la valeur de x, je multiplie par p' l'équation . . . . $x + py = u$,

& par p l'équation . . . . $x + p'y = u'$,

ce qui me donne . . . $p'x + p'py = p'u$

& . . . . $px + pp'y = pu'$;

je retranche la seconde de la premiere, j'ai

$$p'x + p'py - px - pp'y = p'u - pu',$$

donc . . . . $p'x - px = p'u - pu'$.

Donc . . . . $x = \frac{p'u - pu'}{p' - p}$.

On mettra dans ces valeurs de x & de y pour u & pour u' leurs valeurs $ge^{-(C+Kp)t}$ & $g'e^{-(C+Kp')t}$; on déterminera les conſtantes g & g' en ſuppoſant $t=0$ ou une grandeur connue, & on aura l'intégrale cherchée.

CLXXVI.

Obſervations néceſſaires ſur la ſolution précédente.

REMARQUE 1. Si les valeurs de v ſont imaginaires, l'intégration ſe fera toujours de même. Car nous avons démontré dans l'Introduction que les exponentielles imaginaires ſe réduiſent toujours à $A+B'\sqrt{-1}$, $A-B'\sqrt{-1}$, A & B étant des quantités réelles. Si les valeurs de x & de y devoient être réelles, les imaginaires en diſparoîtroient.

CLXXVII.

REMARQUE 2. Si v n'avoit pas deux valeurs, le Problême n'auroit pas plus de difficulté, au contraire il ſe réſoudroit beaucoup plus aiſément. Car v ne peut avoir moins de deux valeurs qu'en ſuppoſant $K=0$, ou $D=0$; l'inconnue v n'étant plus qu'à la premiere puiſſance dans le premier cas, & dans le ſecond l'équation entiere pouvant ſe diviſer exactement par v eſt du premier degré. Or dans ces deux cas une des deux équations eſt intégrable, & l'autre ſe réduit à la formule de M. Bernoulli, traitée dans le Chapitre VII.

Suppoſons $D=0$, la premiere équation devient

$$dx+Cx\,dt=0.$$

Donc . . . . $\frac{dx}{x}=-C\,dt$;

donc . . . . $lx = -Ct$,
ou en prenant e pour le nombre dont le logarithme eſt l'unité, & m pour la conſtante, on a $x = me^{-Ct}$.

La ſeconde équation eſt $dy + Lydt + Kxdt = 0$: mettant dans cette équation pour x ſa valeur en t tirée de l'équation précédente, on voit clairement qu'elle eſt de la forme ſuivante $dy + Aydt + Tdt = 0$, équation dans laquelle A eſt une conſtante & T une fonction de t & de conſtantes. Donc elle s'intégre par la méthode de M. Bernoulli.

Ce ſera la même choſe, ſi on ſuppoſe $K = 0$, comme il eſt facile de s'en aſſurer.

CLXXVIII.

REMARQUE. Si les deux valeurs de v ſont égales, on prendra arbitrairement une de ces deux valeurs, & après avoir réſolu l'équation $du = -dt(C + Kv)u$, on tirera de l'équation $x + vy = u$, une valeur de x ou de y en u. Par exemple, je prends ici p pour la valeur de v. J'ai conſéquemment $u = ge^{-(C+Kp)t}$. Mettant cette valeur de u dans l'équation $x + vy = u$, elle devient $x = ge^{-(C+Kp)t} - py$. Je mets enſuite cette valeur de x dans l'équation $dy + (Kx + Ly)dt = 0$, j'ai $dy + Kge^{-(C+Kp)t}dt - Kpydt + Lydt = 0$, ou $dy + (L - Kp)ydt + Kge^{-(C+Kp)t}dt = 0$ équation qui s'integre aiſément, comme on le voit, par le moyen de la formule $dz + bzdt + Tdt = 0$. Cette équation intégrée nous donnera la valeur de y en t. On aura donc les valeurs de x & de y en t.

CLXXIX.

Cas dans lequel on peut résoudre autrement le Probléme.

REMARQUE 4. Nous venons de voir dans la Remarque précédente que le Problême se résout très-facilement, lorsque v n'a pas deux valeurs inégales : dans ce même cas on pourroit encore trouver les valeurs de x & de y par des méthodes différentes de celles que nous venons d'employer pour cela.

Soit 1°. $D = 0$ dans l'équation $v = \frac{-C+L}{2K} \pm \frac{\sqrt{(L-C)^2+4DK}}{2K}$ devient 1°. $v = \frac{-C+L+L-C}{2K}$, ou $\frac{L-C}{K}$; 2°. $v = \frac{0}{2K}$. Donc en supposant dans les formules précédentes $p' = 0$, on aura les valeurs de x & de y.

2°. Si $K = 0$, au lieu de le supposer absolument nul, je le regarde comme infiniment petit, ce qui revient au même. Je reprends l'équation $v = \frac{-C+L}{2K} \pm \frac{\sqrt{(L-C)^2+4DK}}{2K}$, je la mets sous la forme suivante $v = \frac{L-C}{2K} \pm \sqrt{\frac{LL-2CL+CC}{4KK} + \frac{D}{K}}$. Ensuite pour avoir les deux valeurs de v, je prends la racine quarrée de $\sqrt{\frac{LL-2CL+CC}{4KK} + \frac{D}{K}}$, & je trouve que cette racine est $\frac{C-L}{2K} + \frac{D}{C-L} +$ un terme que je puis négliger parce qu'il est infiniment petit par rapport aux autres. On a donc $v = \frac{-C+L}{2K} \pm \left\{\frac{C-L}{2K} + \frac{D}{C-L}\right\}$. Prenant l'équation en $+$ j'ai $v = \frac{L-C}{2K} + \frac{C-L}{2K} + \frac{D}{C-L}$, c'est-à-dire,

$v = \frac{D}{C-L}$. La prenant en moins je trouve $v = \frac{L-C}{2K} - \frac{C-L}{2K} - \frac{D}{C-L}$. Or les deux premiers termes de cette valeur étant infinis, je puis négliger le troisieme. J'aurai donc pour seconde valeur de v, $v = \frac{L-C}{K}$.

On aura donc $u = ge^{-Ct}$; $u' = g'e^{-Lt}$; $y = K\left\{\frac{u-u'}{C-L}\right\}$; $x = u - \frac{pu'}{p'} = u + \frac{DKu'}{(C-L)^2}$.

3°. Si les valeurs de p & de p' sont égales, je supposerai $p = a + \alpha$, $p' = a - \alpha$ (α est une quantité infiniment petite.) J'ai donc $u = ge^{-(C+K\alpha+Ka)t}$. Or α étant une quantité infiniment petite peut être regardée comme une différentielle. Mais nous avons vu (Art. CLXXIV.) que si on avoit C^{x+dx}, on pouvoit lui donner la forme suivante $C^x + C^x dx$. Donc on aura par la même raison $u = ge^{-(C+Ka)t} - Kg\alpha te^{-(C+Ka)t}$. On trouvera de même $u' = g'e^{-(C+Ka)t} + Kg\alpha te^{-(C+Ka)t}$. On aura aussi $y = \frac{u-u'}{2\alpha}$; $x = \frac{au-\alpha u-au'-\alpha u'}{2\alpha}$. Donc en mettant pour u & u' leurs valeurs, & supposant $g = g'$, on a $y = -Kgte^{-(C+Ka)t}$, & $x = -Kgte^{-(C+Ka)t}$.

CLXXX.

COROLLAIRE. Le Problême s'étendra très-facilement à deux équations qui contiendront deux indéterminées x & y multipliées par des constantes & par une fonction quelconque de t, avec leurs différences aussi multipliées par des constantes & par une fonction de t, & de plus un terme tdt, θdt qui ne renferme que des constantes avec t. Car ces cas se rameneront d'eux-mêmes à la formule $dz + bzdt + Tdt = 0$.

CLXXXI.

Application de la méthode au cas où l'on a trois équations.

PROBLEME 2. Intégrer les équations

$$dx + (ax + by + cz)\,dt = 0$$
$$dy + (ex + fy + gz)\,dt = 0$$
$$dz + (hx + my + nz)\,dt = 0.$$

SOLUTION. Suivant ce que nous avons dit (Art. CLXXII.) je multiplie la seconde de ces équations par un coefficient indéterminé v, & la troisieme par un autre coefficient indéterminé μ. Les trois équations précédentes deviennent alors,

$$dx + (ax + by + cz)\,dt = 0$$
$$v\,dy + (evx + fvy + gvz)\,dt = 0$$
$$\mu\,dz + (h\mu x + m\mu y + n\mu z)\,dt = 0.$$

Je les ajoute ensemble, ce qui me donne (A) $dx + v\,dy + \mu\,dz + \{(a + ev + h\mu)\,x + (b + fv + m\mu)\,y + (c + gv + n\mu)\,z\}\,dt = 0$. Je fais ensorte à présent que la quantité qui multiplie dt dans cette équation soit un facteur de $x + vy + \mu z$. J'aurai donc en supposant R un coefficient constant, j'aurai $ax + evx + h\mu x + by + fvy + m\mu y + cz + gvz + n\mu z = Rx + Rvy + R\mu z$. Donc en comparant terme à terme les deux membres de cette équation, j'ai $a + ev + h\mu = R$, $b + fv + m\mu = Rv$, $c + gv + n\mu = R\mu$. Donc $a + ev + h\mu = \frac{b + fv + m\mu}{v} = \frac{c + gv + \mu n}{\mu}$. Donc $(a + ev + h\mu)\,v =$

$h\mu)v = b + fv + m\mu$ & $(a + ev + h\mu)\mu = c + gv + n\mu$. Donc l'équation ($A$) devient ($F$) $dx + vdy + \mu dz + dt \times (x + vy + \mu z) \times (a + ev + h\mu) = 0$. Soit à présent $x + vy + \mu z = u$, donc $dx + vdy + \mu dz = du$, donc l'équation (F) se change en la suivante $du + (a + ev + h\mu)udt = 0$, ou $\frac{du}{u} = -(a + ev + h\mu)dt$, ou $lu = -(a + ev + h\mu)t$: Donc en prenant E pour le nombre dont le logarithme est l'unité & g pour la constante, on a $lu = lgE^{-(a+ev+h\mu)t}$; ou enfin $u = gE^{-(a+ev+h\mu)t}$.

A présent l'équation $av + evv + h\mu v = b + fv + m\mu$ donne la valeur de μ en v; mettant cette valeur de μ dans l'équation $(a + ev + h\mu)\mu = c + gv + n\mu$, on aura, après avoir effacé ce qui se détruit & fait les réductions ordinaires, une équation du troisieme degré qui donnera trois valeurs de v.

Soient p, p', p'' les trois valeurs de v, & m, m', m'' les trois valeurs correspondantes de μ. J'aurai au lieu de l'équation $u = gE^{-(a+ev+h\mu)t}$, ces trois autres équations,

$$u = gE^{-(a+ep+hm)t}$$
$$u' = g'E^{-(a+ep'+hm')t}$$
$$u'' = g''E^{-(a+ep''+hm'')t};$$

& au lieu de l'équation $x + vy + \mu z = u$, les trois suivantes,

$$x + py + mz = gE^{-(a+ep+hm)t}$$
$$x + p'y + m'z = g'E^{-(a+ep'+hm')t}$$
$$x + p''y + m''z = g''E^{-(a+ep''+hm'')t}.$$

De ces trois équations on tirera les valeurs de x, y, z,

& on déterminera les conſtantes g, g', g'' par les valeurs que doivent avoir x, y, z, lorſque $t = 0$ ou une conſtante donnée.

CLXXXII.

REMARQUE. On peut toujours ſuppoſer que les trois valeurs de v ſont inégales. Pour cela il ſuffit d'augmenter un des coefficients a, b, c, &c. d'une quantité α infiniment petite ; alors on aura des valeurs de v toutes différentes entre elles, & dans leſquelles entrera la quantité α. Ces valeurs étant ſubſtituées à la place de p, p', p'', on trouvera celles de x, y, z, dans leſquelles n'entre plus α. Pour avoir ces valeurs de v, on ſe ſervira du parallelograme de M. Newton. Au reſte, il eſt indifférent que quelques-unes de ces valeurs ſoient imaginaires, pourvu qu'elles ſoient inégales entre elles.

CLXXXIII.

Ce qu'il faut faire ſi on avoit quatre équations.

COROLLAIRE. Si on a quatre équations, on multipliera auſſi la quatrieme par une nouvelle indéterminée π : Après avoir trouvé l'équation en v, & celle qui donne la valeur de μ en v, on mettra dans cette derniere π au lieu de μ, & au lieu de h, m, n, les coefficients qui leur répondent dans la quatrieme équation, & réciproquement h, m, n au lieu de ces coefficients. Après quoi on réſoudroit le Problême par la Méthode ſemblable à celle de l'Article CLXXXI.

Si on avoit cinq, six, &c. équations, on voit à présent comment il faudroit s'y prendre pour les résoudre.

CHAPITRE XVI.

Méthode pour déterminer une intégrale par certaines conditions données de la différentielle.

CLXXXIV.

PROBLEME I. ETant données deux quantités différentielles telles que . . . . . $\alpha dt + v ds$ Premier exemple.

$$v dt + \alpha ds$$

qui sont l'une & l'autre des différentielles exactes de quelque fonction de $t+s$; trouver α & v, & par conséquent l'intégration des deux différentielles proposées.

SOLUTION. 1°. J'ajoute ensemble les deux différentielles proposées, ce qui me donnera $(\alpha+v)\,dt + (\alpha+v)\,ds$, qui est encore une différentielle exacte de quelque fonction de $t+s$; on a donc $(\alpha+v).(dt+ds)$. D'où il suit que $\alpha+v$ est égale à une fonction de $t+s$.

2°. Je retranche l'une de l'autre nos deux différentielles, j'ai $(\alpha-v)\,dt-(\alpha-v)\,ds$, ou $(\alpha-v).(dt-ds)$: d'où je conclus que $\alpha-v$ est égale à une fonction de $t-s$.

J'aurai donc $\alpha+v+\alpha-v = \varphi(t+s)+\Delta(t-s)$. Donc $\alpha = \frac{\varphi(t+s)+\Delta(t-s)}{2}$.

J'aurai encore $\alpha+v-\alpha+v = \varphi(t+s)-\Delta(t-s)$;

donc $v = \frac{\varphi(t+s) - \Delta(t-s)}{2}$.

CLXXXV.

Second exemple.

PROBLEME 2. Etant données les deux différentielles exactes . . . . $v\,dt + \varepsilon\,ds$

$$v\,ds + \varepsilon n\,dt,$$

déterminer v & ε, & par conséquent l'intégrale.

SOLUTION. Je mets la seconde de nos deux différentielles sous la forme suivante

$$\varepsilon\sqrt{n} \times dt\sqrt{n} + v\,ds.$$

Je multiplie la premiere par $\sqrt{n}$, ce qui ne l'empêche pas d'être une différentielle exacte, elle devient

$$v\,dt\sqrt{n} + \varepsilon\,ds\sqrt{n}.$$

Maintenant 1°. j'ajoute ensemble ces deux différentielles, j'ai . . . $(dt\sqrt{n} + ds).(\varepsilon\sqrt{n} + v)$

2°. Je les retranche l'une de l'autre, j'aurai

$$(dt\sqrt{n} - ds).(\varepsilon\sqrt{n} - v).$$

De là je conclus que $\varepsilon\sqrt{n} + v$ est une fonction de $t\sqrt{n} + s$, & $\varepsilon\sqrt{n} - v$ une fonction de $t\sqrt{n} - s$. Donc $\varepsilon\sqrt{n} + v + \varepsilon\sqrt{n} - v = \varphi(t\sqrt{n} + s) + \Delta(t\sqrt{n} - s)$. Donc $\varepsilon = \frac{\varphi(t\sqrt{n}+s) + \Delta(t\sqrt{n}-s)}{2\sqrt{n}}$; donc $\varepsilon n = \frac{[\varphi(t\sqrt{n}+s) + \Delta(t\sqrt{n}-s)]\sqrt{n}}{2}$.

De même on aura $\varepsilon\sqrt{n} + v - \varepsilon\sqrt{n} + v = \varphi(t\sqrt{n} + s) - \Delta(t\sqrt{n} - s)$. Donc $v = \frac{\varphi(t\sqrt{n}+s) - \Delta(t\sqrt{n}-s)}{2}$.

CLXXXVI.

PROBLEME 3. Soient données deux quantités Troisieme exemple plus compliqué que les deux précédens.

$$\alpha ds + \varepsilon dt$$

$\rho\alpha dt + v\varepsilon ds + dt\Delta(t,s) + ds\Gamma(t,s)$ dans lesquelles ρ & v désignent des constantes données, $\Delta(t,s)$, $\Gamma(t,s)$ des fonctions quelconques données de t & de s. De plus ces deux quantités sont l'une & l'autre des différentielles exactes de quelque fonction de t & de s; déterminer α & ε.

SOLUTION. Je divise par la constante ρ tous les termes de la seconde différentielle, le Problême se réduira à opérer sur les deux quantités

$$\alpha ds + \varepsilon dt$$

& . . . . . $\alpha ds + \frac{v\varepsilon ds}{\rho} + \frac{dt\Delta(t,s)}{\rho} + \frac{ds\Gamma(t,s)}{\rho}$,

de maniere qu'elles soient l'une & l'autre une différentielle complete.

Soit $\frac{v}{\rho} = n$, je divise la seconde différentielle par $\sqrt{n}$, & j'écris . . $\varepsilon\sqrt{n} . \frac{dt}{\sqrt{n}} + \alpha ds$

$$\frac{\alpha dt}{\sqrt{n}} + \varepsilon\sqrt{n} . ds + \frac{dt\Delta(t,s)}{\rho\sqrt{n}} + \frac{ds\Gamma(t,s)}{\rho\sqrt{n}}.$$

Or chacune de ces deux différentielles devant être complete, il faut que leur somme & leurs différences soient aussi chacune une differentielle complete.

On aura donc 1°. en les ajoutant ensemble $(\varepsilon\sqrt{n} + \alpha)$. $\left\{\frac{dt}{\sqrt{n}} + ds\right\} + \frac{dt\Delta(t,s)}{\rho\sqrt{n}} + \frac{ds\Gamma(t,s)}{\rho\sqrt{n}}$.

Soit . . . . $\varepsilon\sqrt{n} + \alpha = m$

$$\frac{t}{\sqrt{n}} + s = u,$$

en substituant ces valeurs & nommant $\psi(u,s)$ & $\Pi(u,s)$

les fonctions de u & de s qui viennent de la substitution de $(u-s)\sqrt{n}$ au lieu de t dans $\Delta(t,s)$ & $\Gamma(t,s)$, on aura la transformée suivante

$$m\,du + du\,\psi(u,s) + ds\,\Pi(u,s)$$

qui doit être une différentielle complete. On aura donc par le Théorême fondamental $\frac{dm}{ds} + \frac{d\psi(u,s)}{ds} = \frac{d\Pi(u,s)}{du}$, s variant seul dans le premier membre & u seul dans le second. Donc $dm = -d\psi(u,s) + \frac{ds\,d\Pi(u,s)}{du}$. Donc en prenant s pour variable & u pour constant, on a $m = -\psi(u,s) + \varphi u + \int ds \frac{d\Pi(u,s)}{du}$.

2°. Retranchons maintenant la seconde de nos deux différentielles de la premiere, nous aurons $(\epsilon\sqrt{n}-\alpha)\cdot\left\{\frac{dt}{\sqrt{n}} - ds\right\} - \frac{dt\,\Delta t,s}{\rho\sqrt{n}} - \frac{ds\,\Gamma t,s}{\rho\sqrt{n}}$ qui doit encore être une différentielle complete.

Soit . . . . $\epsilon\sqrt{n} - \alpha = \mu$

$$\frac{t}{\sqrt{n}} - s = y,$$

on aura $\mu\,dy + dy\,\Xi(y,s) + ds\,F(y,s)$, transformée qui est une différentielle exacte. Donc on aura par le Théorême fondamental $\frac{d\mu}{ds} + \frac{d\Xi(y,s)}{ds} = \frac{dF(y,s)}{dy}$; & en supposant s variable & y constant $\mu = -\Xi(y,s) + \Sigma y + \int ds \frac{dF(y,s)}{dy}$.

Or $\mu = \epsilon\sqrt{n} - \alpha$, donc $\epsilon\sqrt{n} = \alpha + \mu$. De même $m = \alpha + \epsilon\sqrt{n}$; donc $\epsilon\sqrt{n} = m - \alpha$. Donc $\alpha + \mu = m - \alpha$. Donc $\alpha = \frac{m-\mu}{2}$. Maintenant $\alpha = \epsilon\sqrt{n} - \mu$. Donc $\epsilon = \frac{m+\mu}{2\sqrt{n}}$. On aura par conséquent les valeurs de α & ϵ, puisqu'on a celles de m & de μ.

CLXXXVII.

REMARQUE. Il n'y auroit aucune difficulté pour l'intégration, quand même $\sqrt{n}$ seroit imaginaire. Car si α & ϵ doivent être réelles, nous avons appris dans l'Introduction à en faire évanouir les imaginaires.

CLXXXVIII.

PROBLEME 4. Soient encore les deux différentielles plus générales que les précédentes

Quatrieme exemple qui renferme les trois autres.

$$\alpha ds + \epsilon du$$

&

$$\varrho\alpha du + p\epsilon du + \gamma\epsilon ds + m\alpha ds + dt\,\Delta(u,s) + ds\,\Gamma(u,s)$$

qui doivent être l'une & l'autre une différentielle exacte, trouver α & ϵ.

SOLUTION. Soit . . . . . $ku + rs = gy$

& . . . . $fu + \delta s = ht$,

k, r, g, f, δ, h sont des constantes indéterminées ; on aura . . . . $s = \frac{gfy - hkt}{fr - \delta k}$

& . . . . $u = \frac{hrt - \delta gy}{fr - \delta k}$;

ou en changeant les signes $u = \frac{\delta gy - hrt}{\delta k - fr}$.

On aura par conséquent $ds = \frac{fgdy - hkdt}{fr - \delta k}$; $du = \frac{\delta gdy - hrdt}{\delta k - fr}$.

Soit . . . . $\frac{fg}{fr - \delta k} = \lambda$

$$\frac{-hk}{fr - \delta k} = \varphi$$

$$\frac{\delta g}{\delta k - fr} = \mu$$

$$\frac{-hr}{\delta k - fr} = \upsilon$$

on aura . . . . $ds = \lambda dy + \varphi dt$,

& . . . . $du = \mu dy + \upsilon dt$.

Je substitue ces valeurs dans les deux différentielles proposées. La premiere devient

$$\alpha\lambda dy + \beta\mu dy + \alpha\varphi dt + \beta\upsilon dt;$$

& la seconde multipliée par un coefficient indéterminé n sera $\left\{(\rho\alpha + p\beta)\mu + (\gamma\beta + m\alpha)\lambda\right\} n dy + n dy \Delta(y, t)$ $+ \left\{(\rho\alpha + p\beta)\upsilon + (\gamma\beta + m\alpha)\varphi\right\} n dt + n dt \psi y, t$.

1°. J'ajoute ensemble ces deux différentielles, j'aurai $(\alpha\lambda + \beta\mu + \rho\alpha\mu n + p\beta\mu n + \gamma\beta\lambda n + m\alpha\lambda n) dy + n dy \Delta y, t +$ $(\alpha\varphi + \beta\upsilon + \rho\alpha\upsilon n + p\beta\upsilon n + \gamma\beta\varphi n + m\alpha\varphi n) dt + n dt \psi y, t$. Il est donc visible qu'on pourra trouver les valeurs de α & β, si dans cette équation $\alpha\lambda + \beta\mu + \rho\alpha\mu n + p\beta\mu n + \gamma\beta\lambda n + m\alpha\lambda n = 0$; & (en prenant une autre valeur de n) $\alpha\varphi + \beta\upsilon + \rho\alpha\upsilon n + \gamma\beta\varphi n + m\alpha\varphi n + p\beta\upsilon n = 0$.

Mais pour que l'équation $\alpha.(\lambda + \rho\mu n + m\lambda n) + \beta.(\mu + p\mu n + \gamma\lambda n) = 0$ ait lieu, quelles que soient les valeurs de α & de β, il faut que $\lambda + \rho\mu n + m\lambda n = 0$, & qu'aussi $\mu + \mu p n + \gamma\lambda n = 0$. Ces deux équations nous donnent $(1 + mn)\lambda = -\rho\mu n$; d'où l'on tire $\frac{\lambda}{\mu} = \frac{-\rho n}{1 + mn}$; & $(1 + pn)\mu = -\gamma\lambda n$; d'où l'on tire $\frac{\lambda}{\mu} = \frac{1 + pn}{-\gamma n}$. Donc $\frac{-\rho n}{1 + mn} = \frac{1 + pn}{-\gamma n}$. Nous tirerons de cette équation une valeur de n telle que $\alpha\lambda + \beta\mu + \rho\alpha\mu n + p\beta\mu n + \gamma\beta\lambda n + m\alpha\lambda n = 0$.

De même pour que $\alpha(\varphi + \rho\upsilon n + m\varphi n) + \beta(\upsilon + p\upsilon n + \gamma\varphi n) = 0$, quelles que soient les valeurs de α & de β, il faut que $\varphi + \rho\upsilon n + m\varphi n = 0$, & $\upsilon + p\upsilon n + \gamma\varphi n = 0$. De

ces

ces équations on tire $(1+mn)\varphi = -\rho v n$; ou $\frac{\varphi}{v} = \frac{-\rho n}{1+mn}$; & encore $(1+pn)v = -\gamma\varphi n$, ou $\frac{\varphi}{v} = \frac{1+pn}{-\gamma n}$. Donc $\frac{-\rho n}{1+mn} = \frac{1+pn}{-\gamma n}$; & par conséquent pour trouver n on aura la même équation qu'auparavant.

Je la résous cette équation $\frac{-\rho n}{1+mn} = \frac{1+pn}{-\gamma n}$; j'aurai $n^2 - \frac{(m+p)n}{\gamma\rho - mp} = \frac{1}{\gamma\rho - mp}$. Donc $n - \frac{(m+p)}{2.(\gamma\rho - mp)} = \pm \sqrt{\frac{1}{\gamma\rho - mp} + \frac{(m+p^2)}{4.(\gamma\rho - mp)^2}}$. Donc enfin $n = \frac{m+p}{2(\gamma\rho - mp)} \pm \frac{\sqrt{[4\gamma\rho + (m-p)^2]}}{2(\gamma\rho - mp)}$; & ce sont-là les deux valeurs de n.

Je multiplie la seconde différentielle transformée, 1°. par une des deux valeurs de n, ensuite par l'autre; j'aurai les deux équations suivantes: la premiere $(\rho\alpha\mu + p\epsilon\mu + \gamma\epsilon\lambda + m\alpha\lambda) \times \left\{\frac{m+p+\sqrt{4\gamma\rho + (m-p)^2}}{2.(\gamma\rho - mp)}\right\} dy + \left\{\frac{m+p+\sqrt{4\gamma\rho + (m-p)^2}}{2.(\gamma\rho - mp)}\right\} dy\Delta y, t + (\rho\alpha v + p\epsilon v + \gamma\epsilon\varphi + m\alpha\varphi) \times \left\{\frac{m+p+\sqrt{4\gamma\rho + (m-p)^2}}{2.(\gamma\rho - mp)}\right\} dt + \left\{\frac{m+p+\sqrt{4\gamma\rho + (m-p)^2}}{2.(\gamma\rho - mp)}\right\} dt \downarrow y, t$.

La seconde sera $(\rho\alpha\mu + p\epsilon\mu + \gamma\epsilon\lambda + m\alpha\lambda) \times \left\{\frac{m+p-\sqrt{4\gamma\rho + (m-p)^2}}{2.(\gamma\rho - mp)}\right\} dy + \left\{\frac{m+p-\sqrt{4\gamma\rho + (m-p)^2}}{2.(\gamma\rho - mp)}\right\} dy\Delta y, t + (\rho\alpha v + p\epsilon v + \gamma\epsilon\varphi + m\alpha\varphi) . \left\{\frac{m+p-\sqrt{4\gamma\rho + (m-p)^2}}{2.(\gamma\rho - mp)}\right\} dt + \left\{\frac{m+p-\sqrt{4\gamma\rho + (m-p)^2}}{2.(\gamma\rho - mp)}\right\} dt \downarrow y, t$.

A ces deux différentielles j'ajoute la premiere différentielle transformée $(\alpha\lambda + \epsilon\mu) dy + (\alpha\varphi + \epsilon v) dt$, à laquelle je donne la forme suivante $\left(\frac{\alpha\lambda}{\mu} + \epsilon\right)\mu dy + \left(\frac{\alpha\varphi}{v} + \epsilon\right) v dt$, j'aurai 1°. $\left\{\rho\alpha + p\epsilon + \frac{\lambda}{\mu}(\gamma\epsilon + \alpha m)\right)$

$\times \left(\frac{m+p+\sqrt{4\gamma\rho+(m-p)^2}}{2.(\gamma\rho-mp)}\right)+\frac{\alpha\lambda}{\mu}+\epsilon\Big\}\mu dy+$ $\left(\frac{m+p+\sqrt{4\gamma\rho+(m-p)^2}}{2.(\gamma\rho-mp)}\right)dy\Delta y,t+\Big\{\Big(\rho\alpha+p\epsilon+$ $\frac{\phi}{v}(\gamma\epsilon+\alpha m)\Big)\times\left(\frac{m+p+\sqrt{4\gamma\rho+(m-p)^2}}{2.(\gamma\rho-mp)}\right)+\frac{\alpha\phi}{v}+\epsilon\Big\}$ $v\,dt+\left(\frac{m+p+\sqrt{4\gamma\rho+(m-p)^2}}{2.(\gamma\rho-mp)}\right)dt\psi y,t.$

2°. On aura $\Big\{\Big(\rho\alpha+p\epsilon+\frac{\lambda}{\mu}(\gamma\epsilon+\alpha m)\Big)\times$ $\left(\frac{m+p-\sqrt{4\gamma\rho+(m-p)^2}}{2.(\gamma\rho-mp)}\right)+\frac{\alpha\lambda}{\mu}+\epsilon\Big\}\mu dy+$ $\left(\frac{m+p-\sqrt{4\gamma\rho+(m-p)^2}}{2.(\gamma\rho-mp)}\right)dy\Delta y,t+\Big\{\Big(\rho\alpha+p\epsilon+$ $\frac{\phi}{v}(\gamma\epsilon+\alpha m)\Big)\times\left(\frac{m+p-\sqrt{4\gamma\rho+(m-p)^2}}{2.(\gamma\rho-mp)}\right)+\frac{\alpha\phi}{v}+\epsilon\Big\}$ $v\,dt+\left(\frac{m+p-\sqrt{4\gamma\rho+(m-p)^2}}{2.(\gamma\rho-mp)}\right)dt\psi y,t.$

Dans ces deux différentielles je mets au lieu de $\frac{\lambda}{\mu}$ sa valeur $\frac{-\rho n}{1+mn}$, & au lieu de $\frac{\phi}{v}$ sa valeur $\frac{-\rho n}{1+mn}$, en observant d'y prendre deux valeurs différentes de n ; & alors j'aurai deux différentielles intégrables par la méthode du Problême 3.

CLXXXIX.

Examen de quelques cas particuliers.

SCHOLIE I. Il ne peut y avoir de difficulté que dans deux cas. L'un seroit celui dans lequel l'équation $\frac{-\rho n}{1+mn}=\frac{1+pn}{-\gamma n}$ ou bien $(\gamma\rho-mp)n^2-(m+p)n-1=0$ ne monteroit pas au second degré. Le second seroit celui dans lequel cette même équation ne pourroit se résoudre. Le premier de ces deux cas arrivera, si $\gamma\rho=mp$: car alors $(\gamma\rho-mp)n^2=0$, & l'équation n'est plus que du premier degré, & par conséquent n n'a qu'une seule valeur.

Le second cas arrivera si $\gamma\rho = mp$, & si de plus $m = -p$; car alors on auroit $-1 = 0$, ce qui est impossible. Examinons ce qu'il faudra faire dans ces deux cas.

1°. Si $\gamma\rho = mp$, je fais $p = \rho K$, j'aurai $\gamma\rho = mK\rho$; donc $\gamma = Km$. Les deux différentielles seront donc la premiere

$$\alpha ds + \epsilon du,$$

& la seconde

$$\rho\alpha du + \rho K\epsilon du + K\epsilon m ds + m\alpha ds$$
$$+ dt\Delta u, s + ds\Gamma u, s,$$

ou bien,

$$(\rho du + mds).(\alpha + K\epsilon) + du\Delta u, s + ds\Gamma u, s.$$

Soit maintenant . . . . $\rho u + ms = t$, on aura $\rho du + mds = dt$, & soit $\alpha + K\epsilon = \mu$, la différentielle précédente deviendra celle-ci $\mu dt + ds\psi u, s + dt\Xi u, s$ & sera une différentielle complete. On aura donc par le Théorême fondamental $\frac{d\mu}{ds} + \frac{d\Xi u, s}{ds} = \frac{d\psi u, s}{dt}$. Donc $d\mu = -d\Xi u, s + \frac{dsd\psi u, s}{dt}$. Donc enfin $\mu = -\Xi u, s + \varphi t + \int \frac{dsd\psi u, s}{dt}$.

Pour déterminer α je fais les mêmes transformations sur la différentielle $\alpha ds + \epsilon du$. Ces transformations nous donnent $du = \frac{dt - mds}{\rho}$, $\epsilon = \frac{\mu - \alpha}{K}$. Donc la premiere différentielle transformée sera $\alpha ds + (\frac{\mu - \alpha}{K}).(\frac{dt - mds}{\rho})$; ou bien $(ds + \frac{mds}{K\rho} - \frac{dt}{K\rho})\alpha + \frac{\mu dt}{K\rho} - \frac{m\mu ds}{K\rho}$. Soit $(1 + \frac{m}{K\rho})s - \frac{t}{K\rho} = y$, on aura $ds + \frac{mds}{K\rho} - \frac{dt}{K\rho} = dy$; & aussi $\frac{\mu dt}{K\rho} = \mu ds + \frac{\mu mds}{K\rho} - \mu dy$. Donc la différentielle précédente se change en celle-ci $(\alpha - \mu)\, dy + \mu ds$. Donc comme elle est une différentielle complete, on aura $\frac{d\alpha}{ds} - \frac{d\mu}{ds} = \frac{d\mu}{dy}$. Donc enfin $\alpha = \mu + \int \frac{ds\, d\mu}{dy}$. Donc aussi on aura la valeur de ε, puisque $\varepsilon = \frac{\mu - \alpha}{K}$.

2°. Si l'on a $p = -m$ & $\rho\gamma = mp$, on fera usage de la méthode que nous venons d'exposer pour le cas où l'on a seulement $\rho\gamma = mp$. Ainsi ce second cas ne présente aucune nouvelle difficulté.

CXC.

SCHOLIE 2. On pourroit encore être embarrassé dans le cas où n auroit ses deux racines égales. Examinons ce qu'il faut faire dans ce cas, lequel aura lieu si $-4\gamma\rho = (m - p)^2$, comme on le voit sans peine. Dans ce cas on supposera seulement $\alpha\lambda + \varepsilon\mu + \rho\alpha\mu n + p\varepsilon\mu n + \gamma\varepsilon\lambda n + m\alpha\lambda n = 0$; ce qui nous donne, en faisant le même raisonnement que dans l'Article CLXXXVIII. $\frac{\lambda}{\mu} = \frac{-\rho n}{1 + mn}$, & $\frac{\lambda}{\mu} = \frac{1 + pn}{-\gamma n}$. Donc on aura de même $\frac{-\rho n}{1 + mn} = \frac{1 + pn}{-\gamma n}$; donc à cause de l'hypothese présente $n = \frac{m + p}{2(\gamma\rho - mp)}$. Je substitue cette valeur de n dans le coefficient de dt; c'est-à-dire, dans $\alpha\varphi + \varepsilon v + \rho\alpha v n + p\varepsilon v n + \gamma\varepsilon\varphi n + m\alpha\varphi n$; & la seconde transformée sera en prenant pour φ & pour v tout ce qu'on voudra, $n\, dy\, \Delta y, t + \left\{\alpha\left(\varphi + (\rho v + m\varphi).\left(\frac{m + p}{2(\gamma\rho - mp)}\right)\right) + \varepsilon\left(v + (pv + \gamma\varphi).\left(\frac{m + p}{2.(\gamma\rho - mp)}\right)\right)\right\} dt + n\, dt\, \psi y, t$; & en supposant $\varphi + (\rho v + m\varphi) \times \left(\frac{m + p}{2.(\gamma\rho - mp)}\right) = M$, & $v + (pv + \gamma\varphi) \times \frac{m + p}{2.(\gamma\rho - mp)}$

$= N$, on aura la différentielle ſuivante,

$$(M\alpha + N\epsilon)dt + ndy\Delta y, t + ndt\psi y, t,$$

dans laquelle M & N repréſentent des conſtantes données.

Cette différentielle étant par l'hypotheſe une différentielle complete, on aura $\frac{Md\alpha + Nd\epsilon}{dy} + \frac{d(n\psi y, t)}{dy} = \frac{d(n\Delta y, t)}{dt}$. Donc $Md\alpha + Nd\epsilon = -d(n\psi y, t) + \frac{dyd(n\Delta y, t)}{dt}$. On aura donc la valeur de $M\alpha + N\epsilon$ en y & en t, ou ce qui revient au même en s & en u, puiſque, comme on l'a vu (Art. CLXXXVIII.) $s = \frac{gfy - hkt}{fr - \delta k}$, & $u = \frac{\delta gy - hrt}{\delta k - fr}$. Nous pourrons donc ſuppoſer

$$\alpha = \Xi u, s + K\epsilon,$$

K étant une conſtante connue. Subſtituant pour α cette valeur dans la différentielle $\alpha ds + \epsilon du$ qui par la ſuppoſition eſt une différentielle exacte, on aura $\epsilon(Kds + du) + ds\,\Xi u, s$. Donc en ſuppoſant $Ks + u = r$, on aura la transformée ſuivante $\epsilon dr + ds\,\Xi s, r$ qui doit encore être une différentielle complete : on trouvera donc facilement la valeur de ϵ en s & r, ou ce qui eſt la même choſe en s & en u.

CXCI.

SCHOLIE 3. Il y a encore un cas dans lequel la premiere méthode ne peut réuſſir; c'eſt lorſque $\rho = 0$. Mais alors l'intégration n'en ſera que plus facile. En effet, je donne à la ſeconde différentielle propoſée $\rho\alpha du + \epsilon p du + \gamma\epsilon ds + m\alpha ds + dt\Delta u, s + ds\Gamma u, s$ la forme ſuivante $m\alpha ds + m\epsilon du + p\epsilon du - m\epsilon du + \gamma\epsilon ds + dt\Delta u, s +$

$ds\Gamma u, s$. Or par l'hypothese $\alpha ds + \varepsilon du$ est une différentielle exacte ; donc la partie restante $(p\varepsilon - m\varepsilon)\,du + \gamma\varepsilon\,ds + dt\Delta u, s + ds\Gamma u, s$ doit encore être complete. Je suppose $(p - m)\,u + \gamma s = t$, j'aurai la transformée suivante . . . . . $\varepsilon dt + d\psi s, t + ds\Delta t, s$, qui sera une différentielle complete. Donc en suivant les méthodes précédentes on déterminera facilement ε & par conséquent α.

Si γ étoit $= 0$, alors on auroit pour seconde différentielle $\rho\alpha\,du + p\varepsilon\,du + m\alpha\,ds + dt\Delta u, s + ds\Gamma u, s$ à laquelle on donneroit la forme suivante $p\alpha\,ds + p\varepsilon\,du + (m\alpha - p\alpha)\,ds + \rho\alpha\,du + dt\Delta u, s + ds\Gamma u, s$. Or par l'hypothese $\alpha ds + \varepsilon du$ est une différentielle complete ; donc la partie restante $(m\alpha - p\alpha)\,ds + \rho\alpha\,du + dt\Delta u, s + ds\Gamma u, s$ en est aussi une. Supposant $(m - p)\,s + \rho u = t$, on déterminera α & ensuite ε par la même voie par laquelle on a trouvé ε & ensuite α dans l'article précédent.

Nous allons maintenant exposer les méthodes qui sont connues pour l'intégration des différentielles d'un ordre plus élevé que le premier.

SECTION SECONDE.

De l'Intégration des Différentielles à plusieurs variables du second ordre, ou d'un ordre plus élevé.

CXCII.

LES différences secondes, troisiemes, quatriemes, &c. s'expriment de deux façons différentes, 1°. de la façon suivante *ddx*, *dddx*, *ddddx*, &c. en mettant l'un après l'autre un nombre de *d* égal au degré de la différence; ou bien 2°. en mettant au *d* un exposant qui contienne un nombre d'unités égal au degré de la différence, comme d^2x, d^3x, d^4x & en général d^nx. Notions préliminaires.

Nous réduirons ici les différentielles du second ordre à celles du premier, dont l'intégration nous a occupés jusqu'à présent; nous réduirons de même les différentielles du troisieme ordre à celles du second, & ainsi de suite.

CXCIII.

Avant d'expliquer les regles qu'il faut suivre dans l'intégration des équations à plusieurs variables qui contiennent des secondes, ou des troisiemes, ou des quatriemes différences, il est bon de se rappeller leur formation.

La différence de $y dx$, en regardant y & dx comme variables, est $dy dx + y ddx$. Celle de $dy dx + y ddx$ est $dy ddx + dx ddy + y d^3 x + d^2 x dy$, & ainsi des troisiemes, quatriemes, &c. différences.

De là il est facile de tirer cette proposition. L'intégrale de $dy dx + y d^2 x$ est $y dx$. Celle de $dy d^2 x + dx d^2 y + y d^3 x + d^2 x dy$ est $dy dx + y ddx$.

La différence de $\frac{dx}{dy}$ est $\frac{dy ddx - dx ddy}{dy^2}$; & celle de $\frac{y dx}{x dy}$ est $\frac{xy dy ddx + x dx dy^2 - xy dx d^2 y - y dy dx^2}{x^2 dy^2}$. Donc l'intégrale de $\frac{dy d^2 x - dx d^2 y}{dy^2}$ est $\frac{dx}{dy}$; & ainsi des autres.

CXCIV.

REMARQUE I. Lorsqu'on passe des premieres différences aux différences secondes, troisiemes, quatriemes, &c. on regarde quelquefois comme constante une différentielle du premier, du second, du troisieme ordre. Ainsi, par exemple, en différentiant $x^m dx dy$, je puis regarder dx comme constante, & alors la différentielle de la proposée sera $m x^{m-1} dx^2 dy + x^m dx ddy$. De là il suit évidemment que quand dans cette même hypothese il s'agira d'intégrer $m x^{m-1} dx^2 dy + x^m dx ddy$, il faudra traiter dx comme une constante ordinaire.

CXCV.

REMARQUE 2. On doit de plus se souvenir que de même que dans la réduction des différentielles du premier

ordre

ordre aux grandeurs finies, on ajoute une constante pour completer l'intégrale, il en faut aussi ajouter une dans la réduction des secondes différences aux premieres, des troisiemes aux secondes, &c. Il suit même de la Remarque précédente que la constante qu'il faudra ajouter à l'intégrale, sera une différentielle du premier ordre, lorsque la différentielle proposée sera du second; que cette constante sera une différentielle du second ordre, lorsque la proposée sera du troisieme; & ainsi de suite. Après ces notions préliminaires entrons en matiere.

CHAPITRE PREMIER.

De l'intégration de certaines différentielles du second ordre, dans le cas où l'on sait que telle ou telle différentielle du premier ordre a été traitee comme constante dans le passage des premieres différences aux secondes.

CXCVI.

Soit l'équation $\frac{by^m dy du}{c^m} = 2ayddx + adxdy$, dans laquelle $du =$ (Art. XCI. Prem. Partie.) $\sqrt{(dx^2 + dy^2)}$ est l'élément de la rectification de la courbe, & est supposée constante. J'observe que le second membre de cette équation seroit intégrable, s'il étoit divisé par $2\sqrt{y}$, ce que je puis trouver par le Théorême fondamental de la Premier exemple.

premiere Section, en mettant z & dz au lieu de dx & de ddx; j'observe aussi que le premier membre du étant constante, sera toujours intégrable, quelque fonction de y qui le divise ou le multiplie. Je divise donc toute l'équation par $2\sqrt{y}$, elle devient $\frac{by^m dy du}{2c^m \sqrt{y}} = ay^{\frac{1}{2}} ddx + \frac{adxdy}{2\sqrt{y}}$, dont l'intégrale est $\frac{by^{m+\frac{1}{2}} du}{(m+\frac{1}{2}) \cdot 2c^m} = ady^{\frac{1}{2}} dx + gdu$. gdu est la constante que j'ajoute pour rendre l'intégrale complete.

CXCVII.

Second exemple.

Soit l'équation $Y = \frac{dx^2 - yddy}{y^3 dx^2}$, dans laquelle ydx qui exprime l'élément de l'aire de la courbe, est supposée constante, Y représente une fonction quelconque de y. Pour intégrer cette équation, je la multiplie par $2dy$, ce qui me donne $2Ydy = \frac{2dy}{y^3} - \frac{2dyddy}{y^2 dx^2}$. Or l'intégrale de cette équation ydx étant constante, est $\int 2Ydy = -\frac{1}{yy} - \frac{dy^2}{yydx^2} \pm nyydx^2$.

CXCVIII.

Troisieme exemple.

Si la proposée étoit $Y = \frac{du^2 - yddy}{y^3 dx^2}$, & que dx fût constante, Y représentant une fonction quelconque de y. Puisque $du = \sqrt{(dx^2 + dy^2)}$; donc $du^2 = dx^2 + dy^2$; & différentiant $duddu = dyddy$. Substituant cette valeur de ddy dans l'équation, & la multipliant par $2y$, on a $2Ydy = \frac{2ydydu^2 - 2yyduddu}{y^4 dx^2}$, équation dont l'intégrale est $\int 2Ydy = -\frac{du^2}{yydx^2} \pm ndx^2$.

CXCIX.

On pourroit encore intégrer cette équation d'une autre maniere. Je mets pour du sa valeur $\sqrt{(dx^2 + dy^2)}$, ce qui me donne $Y = \frac{dx^2 + dy^2 - yddy}{[illegible]}$, & multipliant par $2ydy$, on a $2Ydy = \frac{2ydydx^2 + 2ydy^3 - 2y^2dyddy}{y^4dx^2}$. Or [illegible]onte, on voit facilement que l'intégrale de cette équation est $\int 2Ydy = -\frac{dx^2 - dy^2}{yyd[illegible]} + ndx^2$; qui est absolument la même que la précédente, puisque [illegible] $\sqrt{(dx^2 + dy^2)}$.

C C.

Qu'on nous demande maintenant l'intégrale de cette équation $Y = \frac{dxdydu^2 + ydu^2ddx - ydxduddu}{ydxdydt^2}$, dans laquelle du est l'élément de l'arc de la courbe, t est une fonction de x & de y; aucune différentielle n'ayant été prise pour constante. Je multiplie toute l'équation par $\frac{2}{y^3dx^3}$, ce qui me donne $\frac{2Yydxdydt^2}{y^3dx^3} = \frac{2dxdydu^2 + 2ydu^2ddx - 2ydxduddu}{y^3dx^3}$: réduisant & multipliant le second membre de cette équation haut & bas par ydx, on aura $\frac{2Ydydt^2}{yydx^3} = \frac{2ydydx^2du^2 + 2y^2du^2dxd^2x - 2y^2dx^2dud^2u}{y^4dx^4}$, dont l'intégrale est $\int \frac{2Ydydt^2}{y^2dx^2} = \frac{-du^2}{y^2dx^2} \pm C$. Quatrieme exemple.

C C I.

Il arrive souvent que dans une équation telle différentielle est constante qui rend l'intégration très-difficile. Il ſeroit alors fort utile de transformer l'équation en une autre dans laquelle cette différentielle fût variable. C'eſt ce que nous apprend la méthode ſuivante ; par ſon moyen on change l'équation propoſée en une autre qui n'a aucune différentielle conſtante. C'eſt ce que M. Bernoulli appelle completer une équation différentielle. Au reſte, la méthode que nous donnons ici eſt plus ſimple & plus claire que celle qu'emploie ce grand Géometre.

CHAPITRE II.

Méthode pour rendre completes les équations différentielles de tous les degrés.

CCII.

Expoſition de cette méthode appliquée à des différentielles du ſecond ordre.

PROBLEME. ÉTtant donnée une équation telle que $Addy + Bdx^2 + Cdy^2 + Edxdy = 0$ dans laquelle dx eſt conſtant, la transformer en une autre dans laquelle dx ſoit variable.

SOLUTION. Soit AC ou $BK = dx$, $KF = dy$: dx étant conſtant, on aura CD ou $FG = dx$, $GI = dy$, $IH = ddy$. IH ſera donc le ddy, dans le cas où dx ne varie point ; c'eſt par conſéquent le ddy de l'équation propoſée. Faiſons maintenant varier dx, & ſoit DE ou $GL = ddx$, on voit clairement que $LM = dy + ddy$: Il s'agit donc de trouver la valeur du premier ddy, c'eſt-

Figure 8.

à-dire, de IH en ddx & ddy, ce qui fera disparoître ce premier ddy, & mettra dans l'équation [illegible] [illegible] les triangles semblables FLM, FGH nous donnent l'analogie suivante $LM : GH :: FL : FG$, c'est-à-dire $dy + d'd'y : dy + ddy :: dx + ddx : dx$. Donc dy [illegible] le terme $ddy\,ddx$ qui est nul par rapport aux autres : j'aurai $ddy = \frac{dx\,d'd'y - dy\,ddx}{dx}$. C'est la valeur qu'il faut substituer dans l'équation proposée à la place de ddy. Après cette substitution on aura une équation complete, c'est-à-dire, qui ne contiendra plus de différentielle constante.

CCIII.

On peut encore résoudre ce Problême d'une autre maniere. Reprenons la proposée $Addy + Bdx^2 + Cdy^2 + Edxdy = 0$, je la mets sous la forme suivante $\frac{Addy}{dx} + Bdx + \frac{Cdy^2}{dx} + Edy = 0$, ou bien $Ad\left(\frac{dy}{dx}\right) + \ldots$ &c. $= 0$. Or dans cette équation il n'y a plus aucune différentielle constante, puisque $\frac{dy}{dx}$ est une quantité finie. Mais $d.\left(\frac{dy}{dx}\right) = \frac{dx\,ddy - dy\,ddx}{dx^2}$. C'est la valeur qu'il faudra substituer à $\frac{ddy}{dx}$ dans l'équation précédente. Donc la valeur qu'il faut substituer à ddy sera $\frac{dx\,ddy - dy\,ddx}{dx}$, la même que nous avons déja trouvée. Autre maniere de résoudre ce Problême.

CCIV.

Application de la méthode aux différentielles du

Soit maintenant une [illegible] du troisieme ordre $Ad^3y + Bdxddy + Cdx^3 + Edy^3 + Fdydx$ [illegible] $+ Ddyddy$ [illegible] veut completer. Je divise cette équation par dx^2; & j'ai $\frac{Ad^3y}{dx^2} + \ldots$ &c. $= 0$, ou $Ad.(\frac{ddy}{dx^2}) + \ldots$ &c. $= 0$, réduite au cas des équations du second ordre. Pour trouver maintenant la valeur qu'il faudra substituer au lieu de d^3y, je mets l'équation sous cette forme $\frac{Add(\frac{dy}{dx})}{dx} + \ldots$ &c. $= 0$. Soit $p = \frac{dy}{dx}$, $dp = d.(\frac{dy}{dx})$, $\frac{dp}{dx} = \frac{d.(\frac{dy}{dx})}{dx}$, on aura $d.(\frac{dp}{dx}) = \frac{dd.(\frac{dy}{dx})}{dx}$. Mais $ddp = $ (Art. CCIII.) $ddp - \frac{dpddx}{dx} = dd.(\frac{dy}{dx}) - \frac{ddx}{dx}$. $d(\frac{dy}{dx}) = \frac{dx^2d^3y - 3dxddxddy + 3dyddx^2 - dydxd^3x}{dx^3}$. Donc $\frac{ddp}{dx}$, ou $\frac{dd(\frac{dy}{dx})}{dx}$, ou $\frac{d^3y}{dx^2} = \frac{dx^2d^3y - 3dxddxddy + 3dyddx^2 - dydxd^3x}{dx^4}$.

Donc enfin la valeur à substituer dans l'équation pour d^3y sera $\frac{dx^2d^3y - 3dxddxddy + 3dyddx^2 - dydxd^3x}{dx^2}$.

CCV.

On trouveroit de même pour les équations du quatrieme, du cinquieme, &c. ordre, les valeurs qu'il y faudroit substituer à la place de d^4y, d^5y, &c. pour rendre ces équations completes.

CCVI.

SCHOLIE. Mais, demandera-t-on, quel avantage retirerons-nous de completer ici l'équation proposée? n'est-ce pas au contraire en rendre l'intégration plus difficile? Cet avantage est très-réel : après avoir rendu l'équation complete, nous serons les maîtres de traiter comme constante la différentielle qui facilitera le plus la réduction aux premieres différences. Quelques exemples vont nous en convaincre.

En quoi consiste l'utilité de cette méthode.

CCVII.

Soit proposée d'intégrer l'équation $dx^2 dy - dy^3 = adxddy + xdxddy$ dans laquelle dx est constant, & où l'on voudroit que dy le fût. Je rends d'abord l'équation complete, & pour cela au lieu de ddy je mets sa valeur $\frac{dxddy - dyddx}{dx}$; cette substitution me donne $dx^2 dy - dy^3 = adxddy - adyddx + xdxddy - xdyddx$, équation dans laquelle aucune différentielle n'est constante. Je suppose à présent que dy est constante ; j'aurai donc $ddy = 0$; donc la proposée devient $dx^2 - dy^2 + addx + xddx = 0$, dont l'intégrale est $xdx + adx - ydy = Cdy$.

Son application à plusieurs exemples.

Premier exemple.

CCVIII.

Qu'on propose maintenant l'équation suivante, $\frac{xdy^2 + xyddy + ydydx}{ydy} = \frac{xxdx - aadx}{aa + xx}$, dans laquelle on a traité comme constante ydx, & qu'on veut transformer en une autre dans laquelle ydx soit variable & xdy

Second exemple plus compliqué que le premier.

constante; puisque $y dx$ est constante, on aura $ddy = d(\frac{dy}{ydx}) \times ydx$: c'est-à-dire $ddy = \frac{ydxddy - dxdy^2 - ydyddx}{ydx}$. Je substitue pour ddy cette valeur dans l'équation proposée, elle devient $\frac{xdy}{y} + dx + \frac{xydxddy}{ydydx} - \frac{xdxdy^2 - xydyddx}{ydydx} = \frac{xxdx - aadx}{aa + xx}$; équation dans laquelle aucune différentielle n'est constante. Je prends maintenant pour constante xdy; cette supposition me donne $xddy + dydx = 0$, ou bien $\frac{dxdy}{x} = -ddy$. Je substitue dans la transformée pour ddy cette valeur, & je trouve $\frac{xdy}{y} + dx - dx \frac{xdy}{y} - \frac{xddx}{dx} = \frac{xxdx - aadx}{aa + xx}$. Donc en réduisant on a $-\frac{ddx}{dx} = \frac{xxdx - aadx}{aax + x^3}$. J'integre, & j'ai $-ldx + lxdy$, ou $l\frac{xdy}{dx} = l(\frac{aa + xx}{x})$. Donc $\frac{xdy}{dx} = \frac{aa + xx}{x}$, ou bien $xxdy = aadx + xxdx$; ou enfin $dy = \frac{aadx}{xx} + dx$. Donc $y + \frac{aa}{x} - x + C = 0$.

CCIX.

Troisieme exemple. Soit enfin proposé d'intégrer l'équation suivante $-\frac{dxddy}{dy} - \frac{dydx}{y} = \frac{dy^2 + dx^2}{x}$, dans laquelle ydx est constante. Pour completer cette équation, je mets au lieu de ddy sa valeur trouvée plus haut $\frac{ydxddy - dxdy^2 - ydyddx}{ydx}$, & j'aurai la transformée suivante $\frac{-dxddy + dyddx}{dy} = \frac{dx^2 + dy^2}{x}$ qui est complete. Supposons à présent que dy est constant, nous aurons $ddy = 0$, donc l'équation à intégrer est $xddx = dx^2 + dy^2$.

CCX.

Maintenant que nous sommes les maîtres de supposer

toujours que dans l'équation aucune différentielle n'eſt conſtante, il eſt à propos d'examiner ſi on ne pourroit pas au moins dans certains cas déterminer quelle eſt la différentielle qui priſe pour conſtante, rendra l'équation plus facile à intégrer.

CHAPITRE III.

Méthode pour déterminer, dans quelques cas, la différentielle qui ſuppoſée conſtante facilitera le plus l'intégration.

CCXI.

On ne peut pas donner de regle générale pour reconnoître dans tous les cas quelle eſt la fluxion qu'on doit regarder comme conſtante, afin que l'intégration en devienne plus facile; on peut cependant ſe guider quelquefois par l'obſervation ſuivante. Je cherche ſi dans la propoſée il y a deux, trois, &c. termes qui multipliés ou diviſés par un facteur commun puiſſent s'intégrer. J'en prends l'intégrale, & c'eſt celle que je ſuppoſe conſtante.

CCXII.

Soit, par exemple, propoſé d'intégrer l'équation ſuivante $X = \frac{dy^3 + dx^2 dy - x dy ddx + x dx ddy}{2x^3 dy^3}$, dans laquelle X repréſente une fonction quelconque de x. J'obſerve

Son application à quelques exemples.

Premier exemple.

que dans cette équation les deux termes $dx^2dy + xdxddy$ divisés par dx, donnent $dxdy + xddy$, dont l'intégrale est xdy. Je vois encore que $dx^2dy - xdyddx$ divisés par $-xxdy$, donnent $\frac{-dx^2 + xddx}{xx}$; différentielle dont l'intégrale est $\frac{dx}{x}$. Je puis donc également supposer pour constantes xdy & $\frac{dx}{x}$. Ces deux suppositions détruiront également deux termes.

Soit 1°. supposée xdy égale à une constante c, on aura $xddy + dydx = 0$, & multipliant par dx, $xdxddy + dydx^2 = 0$; ce qui réduit la proposée à l'équation suivante $X = \frac{dy^3 - xdyddx}{2x^3dy^3}$. Mais $xddy + dxdy = 0$ donne $dy = \frac{-xddy}{dx}$; donc en substituant pour dy cette valeur, on aura $X = \frac{-xdy^2ddy}{2x^3dxdy^3} - \frac{xdyddx}{2x^3dy^3}$, c'est-à-dire, $X = \frac{-xdy^2ddy - xdydxddx}{2x^3dxdy^3}$, ou $X = \frac{-dy^2ddy - dydxddx}{2x^2dxdy^3}$. Mais $xdy = c$: donc $dy = \frac{c}{x}$. Donc $X = \frac{-dyddy - dxddx}{2c^2dx}$, ou $Xdx = \frac{-dyddy - dxddx}{2cc}$, & en intégrant on a $\int Xdx = \frac{-dy^2 - dx^2}{4cc} \pm n$. Donc enfin $\int Xdx = \frac{-dy^2 - dx^2}{4x^2dy^2} \pm n$.

CCXIII.

REMARQUE. Quand on est arrivé à l'équation $X = \frac{dy^3 - xdyddx}{2x^3dy^3}$, on peut abreger le calcul en multipliant l'équation par dx; ce qui donne $Xdx = \frac{dx}{2x^3} - \frac{dxddx}{2x^2dy^2}$; dont l'intégrale est (xdy étant constante) $\int Xdx = -\frac{1}{4xx} - \frac{dx^2}{4x^2dy^2} \pm n$, qui est la même que la précédente.

CCXIV.

2°. Prenons à présent pour constante $\frac{dx}{x}$; cette supposition nous donnera $\frac{xddx - dx^2}{xx} = 0$, & en multipliant par $- xxdy$, on a $- xdyddx + dx^2dy = 0$, équation qui fait évanouir le second & le troisieme terme de la proposée. Elle devient donc $X = \frac{dy^3 + xdxddy}{2x^3dy^3}$; je la multiplie par dx, ce qui me donne $Xdx = \frac{dxdy^3 + xdx^2ddy}{2x^3dy^3}$. L'intégrale de cette équation est, à cause de $\frac{dx}{x}$ ou $\frac{dx^2}{x^2}$ qui est constante, $\int Xdx = - \frac{1}{4xx} - \frac{dx^2}{4x^2dy^2} \pm C$; ainsi que nous l'avons trouvé ci-dessus.

CCXV.

Soit proposé d'intégrer l'équation suivante $xy \times (dxddy - dyddx) = ydydx^2 - yydYdy^2 - xdxdy^2$, dans laquelle Y représente une fonction quelconque de y.

Je remarque que dans cette équation il y a trois termes savoir $yxdyddx + ydydx^2 - xdxdy^2$ qui divisés par $yydy$ forment une différentielle complete, $\frac{yxddx + ydx^2 - xdxdy}{yy}$, dont l'intégrale est $\frac{xdx}{y}$. Je prends donc pour constante $\frac{xdx}{y}$; ce qui me donne en différentiant $\frac{xyddx + ydx^2 - xdxdy}{yy} = 0$. Donc la proposée se réduit à $xydxddy + yydYdy^2 = 0$, c'est-à-dire, $dY = - \frac{xdxddy}{ydy^2}$, équation dont l'intégrale est $Y = \frac{xdx}{ydy} \pm C$; ce qui est évident, $\frac{xdx}{y}$ étant constante.

CHAPITRE IV.

Dans lequel on applique aux équations différentielles de tous les ordres la méthode de l'article qui apprend à intégrer ou construire les équations différentielles du premier degré dans lesquelles l'une des indéterminées finies ne se trouve à aucun terme.

CCXVI.

Conditions que cette méthode exige.

NOus avons vu (Art. CXL.) que l'on pouvoit toujours intégrer ou construire les équations différentielles du premier degré, lorsque l'une de leurs indéterminées finies ne s'y trouve pas ; la méthode exposée dans cet article s'étend encore aux équations différentielles de tous les ordres. Par exemple, lorsque dans une équation différentielle du second ordre l'une ou l'autre des deux indéterminées ne s'y trouve pas, & qu'il n'y entre que ses différences premieres ou secondes combinées comme on le veut, & élevées à des puissances quelconques, il sera toujours possible de parvenir à la séparation. Le procédé qu'il faut suivre pour cela consiste à faire la premiere différence qui est variable, égale à la fluxion prise pour constante, multipliée par une nouvelle indéterminée.

CCXVII.

Soit proposé d'intégrer l'équation $\frac{by^m}{c^m} = \frac{2ayddx + adxdy}{dudy}$ dans laquelle $du = \sqrt{dx^2 + dy^2}$ est supposé constant, & l'indéterminée finie u ne se trouve pas. Suivant ce que nous venons de dire, je fais $dx = zdu$, ce qui me donne . . . . $ddx = dzdu$.

Son application à plusieurs équations du second ordre.

Premier exemple.

J'ai donc la transformée suivante $\frac{by^m}{c^m} = \frac{2aydzdu + azdudy}{dudy}$, & en réduisant $\frac{by^m}{c^m} = \frac{2aydz + azdy}{dy}$, ou $\frac{by^m dy}{c^m} = 2aydz + azdy$. Je divise cette équation par $2\sqrt{y}$, elle devient $\frac{by^{m-\frac{1}{2}}dy}{2c^m} = adz\sqrt{y} + \frac{azdy}{2\sqrt{y}}$, équation dont l'intégrale est $\frac{by^{m+\frac{1}{2}}}{(m+\frac{1}{2}) \cdot 2c^m} = az\sqrt{y} \pm C$. Mais $z = \frac{dx}{du}$; donc l'intégrale cherchée est $\frac{by^{m+\frac{1}{2}}du}{2mc^m + c^m} = adx\sqrt{y} \pm Cdu$.

CCXVIII.

Soit maintenant l'équation à intégrer $Yyydydx^2 + duddu = 0$, dans laquelle Y représente une fonction de y, du est l'élément de la courbe, égal par conséquent à $\sqrt{(dx^2 + dy^2)}$, ydx est la fluxion prise pour constante, & dans laquelle l'indéterminée u ne se trouve pas.

Second exemple.

Je fais . . . . $du = zydx$

$ddu = ydzdx$,

& après la substitution l'équation est $Yy^2dydx^2 =$

$-y^2 z dz dx^2$, & en réduisant $Y dy = - z dz$. L'intégrale de cette équation est $\int Y dy = - \frac{zz}{2} + C$. Mais $z^2 = \frac{du^2}{yy dx^2} = \frac{dx^2 + dy^2}{yy dx^2}$. Donc l'intégrale cherchée sera $dx = \frac{dy}{\sqrt{(2Cyy - 1 - 2yy\int Y dy)}}$.

CCXIX.

Autre maniere d'intégrer les équations précédentes.

REMARQUE. On peut encore réduire aux premieres différences les équations qui sont dans le cas des précédentes, en se servant de la substitution que nous avons employée (Art. CXL.) pour les différentielles du premier degré. Cette substitution consiste à égaler la premiere différence de l'indéterminée qui manque, à une nouvelle indéterminée multipliée par la premiere différence de l'autre inconnue.

CCXX.

Appliquée à l'exemple précédent.

Je reprends l'équation précédente $Yy^2 dy dx^2 + du ddu = 0$; je suppose $dx = z du$, ce qui me donne $ddx = dz du + z ddu$, d'où l'on tire $ddu = \frac{ddx - dz du}{z}$. Après avoir substitué les valeurs dans l'équation, elle devient $Yy^2 z^2 dy du^2 = \frac{dz du^2 - du ddx}{z}$. Mais par la supposition $y dx$ est constant; donc $y ddx + dy dx = 0$, donc $ddx = - \frac{dy dx}{y}$, ou en mettant pour dx sa valeur, $ddx = - \frac{z du dy}{y}$. Substituant dans la transformée cette valeur de ddx, on a $Yy^2 z^2 dy du^2 = \frac{dz du^2}{z} + \frac{z dy du^2}{zy}$, & en réduisant $Y z^2 y^2 dy = \frac{dz}{z} + \frac{dy}{y}$. Soit maintenant $yz = t$, on a $lyz = lt$, $\frac{ydz + zdy}{yz} = \frac{dt}{t}$, & $\frac{dz}{z} + \frac{dy}{y} = \frac{dt}{t}$. Donc $Yt^2 dy = \frac{dt}{t}$, & $Ydy = \frac{dt}{t^3}$, équation dont l'intégrale eſt $\int Ydy = -\frac{1}{2tt} \pm C$. Maintenant $tt = z^2y^2 = \frac{yydx^2}{du^2} = \frac{yydx^2}{dx^2 + dy^2}$, à cauſe de $du = \sqrt{(dx^2 + dy^2)}$. Donc en remettant ces valeurs dans l'intégrale trouvée, on aura $2\int Ydy = \frac{-dx^2 - dy^2}{yydx^2} \pm 2C$, & enfin $dx = \frac{dy}{\sqrt{(2Cyy - 2y^2\int Ydy - 1)}}$, équation que nous avions déja trouvée par l'autre méthode.

CCXXI.

Soit encore propoſé d'intégrer l'équation $Yy^3 dy dx^3 = dx dy du^2 + y du^2 ddx - y dx du ddu$, dans laquelle je puis ſuppoſer conſtante la fluxion que je voudrai, Y eſt une fonction quelconque de y & de conſtantes. Troiſieme exemple.

Prenons d'abord dx conſtante, cette ſuppoſition donne $ddx = 0$, & fait diſparoître le terme ydu^2ddx. L'équation eſt donc $Yy^3 dy dx^2 = dy du^2 - y du ddu$. Pour la réduire je fais . . . . . $du = z dx$,

$ddu = dz dx$,

d'où je tire la transformée ſuivante $Yy^3 dy dx^2 = z^2 dy dx^2 - yz dz dx^2$, & en diviſant par dx^2, $Yy^3 dy = z^2 dy - yzdz$, ou $Yy^3dy = \left(\frac{dy}{y} - \frac{dz}{z}\right) \times z^2y$. Pour intégrer cette équation je ſuppoſe $\frac{y}{z} = \frac{1}{t}$; je prends la différence du logarithme de cette équation, j'ai $\frac{\frac{zdy - ydz}{zz}}{\frac{y}{z}} = -\frac{\frac{dt}{tt}}{\frac{1}{t}}$,

& en réduisant $\frac{dy}{y} - \frac{dz}{z} = -\frac{dt}{t}$. Nous avons d'ailleurs $yt = z$. Donc en substituant ces valeurs dans l'équation $Yy^3 dy = (\frac{dy}{y} - \frac{dz}{z}).z^2 y$, elle devient $Yy^3 dy = -\frac{dt}{t} \times y^3 t^2$, ou bien $Ydy = -tdt$, équation dont l'intégrale est $\int Ydy = -\frac{tt}{2} \pm C$: mais $\frac{tt}{2} = \frac{zz}{2yy}$. Donc on a $\int Ydy = -\frac{zz}{2yy} \pm C$; & en mettant pour z sa valeur $\frac{du}{dx}$, on a $\int Ydy = -\frac{du^2}{2yydx^2} \pm C$.

Si on prend du constant, alors $ddu = 0$, & l'équation $Yy^3 dydx^3 = dxdydu^2 + ydu^2 ddx - ydxduddu$ devient $Yy^3 dydx^3 = dxdydu^2 + ydu^2 ddx$. Soit maintenant $dx = zdu$, $ddx = dzdu$, l'équation en y substituant ces valeurs devient $Yy^3 dy . z^3 du^3 = zdydu^3 + ydzdu^3$, ou bien $Ydy = \frac{zdy + ydz}{y^3 z^3}$. Donc en intégrant on a $\int Ydy = \frac{-1}{2y^2 z^2} \pm C$, & en remettant pour z sa valeur $\frac{dx}{du}$, l'intégrale cherchée est $\int Ydy = \frac{-du^2}{2y^2 dx^2} \pm C$, la même que nous venons de trouver.

CCXXII.

Application de la méthode à des équations d'un ordre plus élevé que le second.

SCHOLIE 2. Cette méthode s'appliquera aux différentielles d'un ordre plus élevé que le second, pourvu que dans celles du troisieme ordre, par exemple, l'une & l'autre des deux variables finies x & y manquent, que dans celles du quatrieme, outre l'une des deux variables finies x, y, il manque encore l'une ou l'autre des premieres différences dx, dy avec leurs fonctions. On réduira par la même méthode les équations différentielles du cinquieme ordre, dans le cas où les deux variables finies x & y,

& leurs deux premieres différences dx, dy, manquent ; celles du ſixieme, pourvu qu'outre cela il manque encore l'une ou l'autre des ſecondes différences ddx, ou ddy, & ainſi de ſuite.

CCXXIII.

Soit l'équation $dxd^3y + dx^2d^2y = dx^4 + dy^4$, ſuſceptible, comme on le voit, de la méthode préſente, puiſque les deux indéterminées finies x & y ne s'y trouvent pas ; dx eſt conſtant dans cette équation. Je fais 1°. A une équation du troiſieme ordre.

$$\frac{pdx}{a} = dy$$

& par conſéquent . . . . $\frac{dpdx}{a} = ddy$

$$\frac{ddpdx}{a} = d^3y.$$

Après avoir ſubſtitüé ces valeurs dans la propoſée, elle devient $\frac{dx^2ddp}{a} + \frac{dx^3dp}{a} = dx^4 + \frac{p^4dx^4}{a^4}$; donc $\frac{ddp + dxdp}{a} = dx^2 + \frac{p^4dx^2}{a^4}$, équation réduite au ſecond ordre.

Suppoſant toujours dx conſtant, je fais $\frac{qdx}{b} = dp$,

ce qui me donne . . . . $\frac{dqdx}{b} = ddp$:

j'ai après la ſubſtitution, $\frac{dqdx}{ab} + \frac{dpdx}{a} = dx^2 + \frac{p^4dx^2}{a^4}$, ou $\frac{dq}{ab} + \frac{dp}{a} = dx + \frac{p^4dx}{a^4}$: mais $dx = \frac{bdp}{q}$; donc on a $\frac{bdp + dq}{ab} = \frac{bdp}{q} + \frac{bp^4dp}{a^4q}$, équation réduite aux premieres différences.

CCXXIV.

Soit maintenant l'équation différentielle du quatrieme ordre $d^4y + dxd^3y - dx^2d^2y = 0$, dans laquelle dx 2°. A une équation du quatrieme.

eſt conſtant, & les deux indéterminées finies x, y, avec la premiere différence dy ne ſe trouvent pas. Je ſuppoſe donc . . . . $\frac{pdx}{a} = dy$,

& par conſéquent . . . . $\frac{dpdx}{a} = ddy$

$$\frac{d^2pdx}{a} = d^3y$$

$$\frac{d^3pdx}{a} = d^4y;$$

donc en ſubſtituant pour ddy, d^3y, d^4y ces valeurs, j'aurai la transformée ſuivante $d^3p + dxd^2p - dx^2dp = 0$, équation qui eſt dans le cas de celle de l'exemple précédent ; donc en opérant comme nous venons de faire, on la ramenera aux premieres différences.

CCXXV.

Cas particuliers qui ſe ramenent aux précédents par le choix de la conſtante.

SCHOLIE 3. Parmi les équations qui ne ſont pas ſuſceptibles de la méthode précédente, parce que les deux indéterminées finies s'y trouvent, il y en a quelques-unes qu'on y peut ramener en prenant pour conſtante une différentielle telle que tous les termes affectés de l'une des deux indéterminées finies diſparoiſſent, & qu'il ne reſte que ceux qui contiennent l'autre.

Dans ce cas eſt l'équation ſuivante $dx^3 - dxdy^2 = ydxddx + 2xdyddy$, dans laquelle nous pouvons ſuppoſer conſtant ou dx, ou dy. Si nous faiſons la premiere ſuppoſition, nous aurons $ddx = 0$, & par conſéquent le terme $ydxddx$ s'évanouit ; ſi c'eſt dy que nous traitons comme conſtant, $ddy = 0$ fait diſparoître le terme $2xdyddy$; donc dans l'une & l'autre suppoſition il ne reſte que l'une des deux indéterminées finies.

Soit donc dx conſtant, on aura $dx^3 - dxdy^2 = 2xdyddy$. Je fais . . . . $dy = \frac{pdx}{a}$

$$ddy = \frac{dpdx}{a};$$

donc en ſubſtituant j'aurai $dx^3 - \frac{p^2 dx^3}{aa} = \frac{2xpdpdx^2}{aa}$, c'eſt-à-dire $aadx - ppdx = 2xpdp$, ou $\frac{dx}{x} = \frac{2pdp}{aa-pp}$. Donc en intégrant on a $lx = -l(aa-pp) + lm$, & $x = \frac{m}{aa-pp}$. Je remets pour p ſa valeur $\frac{ady}{dx}$, j'ai $x = \frac{m}{aa - \frac{aady^2}{dx^2}}$, & par conſéquent $x = \frac{mdx^2}{aadx^2 - aady^2}$, ou enfin $aady^2 = aadx^2 - \frac{mdx^2}{x}$.

CCXXVI.

Autres cas particuliers qui s'y ramenent par de ſimples ſubſtitutions.

D'autres cas ſe rameneront à notre méthode par de ſimples ſubſtitutions. Soit, par exemple, $x^m ddx = yddy + dy^2 + yydy^2$, je fais $ydy = dz$, d'où je tire,

$$yddy + dy^2 = ddz$$
$$yydy^2 = dz^2.$$

Donc en ſubſtituant ces valeurs on aura pour transformée l'équation $x^m ddx = ddz + dz^2$, dans laquelle l'une des deux indéterminées finies z ne ſe trouve pas.

CCXXVII.

Il y a encore un autre cas plus général que les précédents; c'eſt celui dans lequel on n'a que des ddy, des

dy & des dx : car alors en faiſant $dy = z\,dx$, dx étant conſtant, l'équation, comme il eſt évident, ſe ramenera toujours aux premieres différences. Maintenant nous allons expoſer une méthode générale pour ramener à notre dernier cas un très-grand nombre d'équations différentielles.

CHAPITRE V.

Méthode pour transformer un grand nombre d'équations différentielles qui renferment leurs deux indéterminées finies, en d'autres dans leſquelles l'une des deux ne ſe trouve pas.

CCXXVIII.

Fondement de cette méthode.

LA méthode que nous allons expliquer eſt fondée ſur le principe du calcul des exponentielles. Si l'on a une quantité telle que c^x, dans laquelle c déſigne un nombre dont le logarithme eſt l'unité, ſa différentielle ſera, comme nous l'avons vu dans l'Introduction, $c^x dx$, ſa ſeconde différence $c^x ddx + c^x dx^2$, ſa différence troiſiéme $c^x d^3x + 3c^x dx\,ddx + c^x dx^3$, & ainſi de ſuite. Or dans ces différentielles l'indéterminée finie x ne ſe trouve que dans l'expoſant. Cette conſidération fit penſer à M. Euler qui eſt l'inventeur de cette méthode, que ſi dans les équations différentielles d'un ordre plus élevé que le premier, on ſubſtituoit aux indéterminées des exponentielles telles que les précédentes, les variables finies ne ſe trouveroient plus qu'aux expoſants. La difficulté ſeroit alors réduite à faire évanouir les exponentielles introduites à la place des variables. Car par ce moyen l'équation ſera délivrée de l'une de ſes indéterminées, dont il ne reſtera que les différences.

CCXXIX.

La méthode réuſſira pour toutes les équations différentielles du ſecond ordre qui ſont dans un des trois cas ſuivants.

Trois cas généraux auxquels s'applique cette méthode.

1°. Pour celles qui n'ont que deux termes & qui ſont compriſes dans la formule ſuivante,

$$a x^m dx^p - y^n dy^{p-2} ddy = 0.$$

2°. Pour toutes les équations dans leſquelles les indéterminées & leurs différences ont le même nombre de dimenſions dans chaque terme. La formule ſuivante peut les repréſenter :

$$a x^m y^{-m-1} dx^p dy^{2-p} + b x^n y^{-n-1} dx^q dy^{2-q} = ddy.$$

3. Pour les équations dans leſquelles l'une des deux variables avec ſes différences a le même nombre de dimenſions dans chaque terme. Mais il faut diſtinguer deux cas; le premier, quand la premiere différentielle de l'indéterminée qui a par-tout le même nombre de dimenſions eſt conſtante; & ce cas peut ſe repréſenter par la formule,

$$P x^m dy^{m+2} + Q x^{m-h} dx^h dy^{m+2-h} = dx^m ddy,$$

dans laquelle x a dans tous les termes le nombre m de dimenſions, dx eſt conſtante, P & Q ſont des fonctions quelconques de y. Le second cas arrive lorsque c'est la premiere différentielle de l'autre variable, qui est constante, & ce dernier est compris dans la formule,

$$Px^m dy^{m+1} + Qx^{m-h} dx^h dy^{m-h+1} = dx^{m-1} ddx,$$

dans laquelle dy est constant, P & Q sont des fonctions de y, x a, comme on le voit, dans chaque terme le nombre m de dimensions.

Nous allons examiner séparément les quatre formules précédentes.

CCXXX.

Examen du premier cas de la méthode.

PROBLEME I. Intégrer les équations telles que $ax^m dx^p = y^n dy^{p-2} ddy$, dans laquelle dx est constant.

SOLUTION. Soit . . . . $x = c^{hu}$

& . . . . $y = c^u t$,

h est une quantité arbitraire qu'on déterminera dans la suite de l'opération, u & t sont deux nouvelles variables.

La supposition de $x = c^{hu}$ & de $y = c^u t$, nous donne

$$dx = hc^{hu} du$$
$$ddx = hc^{hu} \times (ddu + hdu^2)$$
$$dy = c^u dt + c^u t du$$
$$ddy = c^u \times (ddt + 2dtdu + tdu^2 + tddu).$$

Mais par l'hypothese dx est constant; on aura donc $ddx = 0$, donc aussi $hc^{hu} \times (ddu + hdu^2) = 0$, c'est-à-dire, $ddu = -hdu^2$ & en substituant pour ddu cette valeur dans celle de ddy, on a

$$ddy = c^u \times (ddt + 2dtdu + (1-h)tdu^2).$$

Substituons dans la proposée pour x, y, &c. leurs valeurs, elle devient $ac^{hmu} h^p c^{hpu} du^p = c^{nu} t^n \times (c^u dt + c^u tdu)^{p-2} \times c^u (ddt + 2dtdu + (1-h)tdu^2)$, c'est-à-dire, $ac^{(m+p)hu} h^p du^p = c^{(n+p-1)u} t^n \times (dt + tdu)^{p-2} \times (ddt + 2dtdu + (1-)tdu^2)$.

Maintenant il s'agit de déterminer h, de maniere que les exponentielles s'évanouissent. Or pour cela on voit bien qu'il faut que $n+p-1 = hm+hp$, ce qui donne $h = \frac{n+p-1}{m+p}$; donc l'équation précédente devient (*B*) $a\left\{\frac{(n+p-1)^p du^p}{(m+p)^p}\right\} = t^n . (dt + tdu)^{p-2} \times (ddt + 2dtdu + (\frac{m-n+1}{m+p})tdu^2)$, laquelle ne contient plus qu'une des variables finies, savoir t, & se trouve par conséquent réduite au cas du Chapitre précédent.

Puisqu'on trouve $h = \frac{n+p-1}{m+p}$, il est facile de voir que les substitutions à faire sont $x = c^{(\frac{n+p-1}{m+p})u}$ & $y = c^u t$, dans lesquelles on observera que $n+p-1$ est la somme des dimensions de y, & $m+p$, celle des dimensions de x. Cette remarque doit servir à déterminer sur le champ dans les cas particuliers la valeur qu'on doit donner à h.

CCXXXI.

Appliquons maintenant à la formule réduite la méthode de l'Art. CCXVI. Soit $du = zdt$, on aura $ddu = dzdt + zddt$; mais la supposition de dx constant, nous a donné plus haut $ddu = -hdu^2$: on aura donc en mettant pour h, & pour du leurs valeurs, $ddu =$

$(\frac{1-n-p}{m+p}) zzdt^2$: donc $(\frac{1-n-p}{m+p}) zzdt^2 = zddt + dzdt$, d'où l'on tire $ddt = (\frac{1-n-p}{m+p}) zdt^2 - \frac{dtdz}{z}$. Je substitue dans l'équation (*B*) les valeurs de du & de ddt, j'ai $a(\frac{n+p-1}{m+1})^p az^p dt^p = t^n . (dt + ztdt)^{p-2} \times$ $\{(\frac{1-n-p}{m+p}) zdt^2 - \frac{dtdz}{z} + 2zdt^2 + (\frac{m-n+1}{m+p}) zztdt^2\}$, ou bien en divisant par dt^{p-1}, & multipliant par z, on aura (*D*) $(\frac{n+p-1}{m+p})^p z^{p+1} dt = t^n \times \{(1+tz)^{p-2} \times$ $(\frac{1+2m-n+p}{m+p}) zzdt + (\frac{m-n+1}{m+p}) tz^3 dt - dz\}$, équation réduite aux premieres différences.

La supposition de $du = zdt$ & la valeur $\frac{n+p-1}{m+p}$ trouvée pour h, nous apprennent que pour réduire sur le champ l'équation proposée, il falloit faire $x = c^{(\frac{n+p-1}{m+p})\int zdt}$

& . . . . $y = c^{\int zdt} t$,

ou, ce qui revient au même, $x = c^{(n+p-1)\int zdt}$

& . . . . $y = c^{(m+p)\int zdt} t$.

CCXXXII.

COROLL. De ce que nous supposons $x = c^{(n+p-1)\int zdt}$, il s'ensuit que $c^{\int zdt} = x^{\frac{1}{n+p-1}}$; donc $\int(zdt) lc = \frac{1}{n+p-1} lx$; donc à cause de $lc = 1$, $zdt = \frac{dx}{(n+p-1)x}$. mais la supposition de $y = c^{(m+p)\int zdt} t$, nous donne $ly = (m+p)\int(zdt) lc + lt$; donc en mettant pour $\int zdt$ sa valeur en x, on a $ly = (\frac{m+p}{n+p-1}) lx + lt$; donc $y = x^{\frac{m+p}{n+p-1}} t$, & $t = yx^{\frac{-m-p}{n+p-1}}$; donc $dt =$

$x^{\frac{-m-p}{n+p-1}} dy - \left(\frac{m+p}{n+p-1}\right) \times y x^{-\left(\frac{m+n+2p-1}{n+p-1}\right)} dx$. Donc en mettant pour dt cette valeur dans l'équation $z dt = \frac{dx}{(n+p-1)x}$, on aura $z x^{\frac{-m-p}{n+p-1}} dy - \left(\frac{m+p}{n+p-1}\right) y z x^{-\left(\frac{m+n-2p-1}{n+p-1}\right)} dx = \frac{dx}{(n+p-1)x}$; donc enfin $z =$

$$\frac{dx}{(n+p-1)\, x^{\frac{n-m-1}{n+p-1}} dy - (m+p)\, y x^{-\left(\frac{m-3p}{n+p-1}\right)} dx}.$$

Donc il eſt évident que ſi nous avons la valeur de z en t, ou celle de t en z, on pourra trouver le rapport de x à y.

Appliquons la méthode précédente à quelques exemples particuliers.

CCXXXIII.

Application de la formule à deux exemples particuliers.

Soit l'équation $x dx dy = y ddy$ dans laquelle dx eſt conſtant. Comparant cette équation avec la formule, j'ai

$$a = 1$$
$$m = 1$$
$$p = 1$$
$$n = 1.$$

Mettant donc ces valeurs dans l'équation différentielle du premier degré (D) trouvée plus haut, on a $\frac{zz dt}{2} = t (1 + tz)^{-1} \times (\frac{1}{2} z^2 dt + \frac{1}{2} t z^3 dt - dz)$; ou en réduiſant $z^2 dt + t z^3 dt = 3 t z^2 dt + z^3 t^2 dt - 2 t dz$.

CCXXXIV.

Soit encore propoſé de réduire aux premieres différences l'équation $\frac{adx}{x} = \frac{ddy}{ydy}$, dans laquelle dx eſt conſtant. Comparant cette équation avec notre formule, on trouve

$$p = 1$$
$$n = -1$$
$$m = -1;$$

on auroit donc dans le cas présent $p + m = 0$, donc tous les termes de l'équation réduite seroient infinis, & par conséquent la méthode ne peut servir dans ce cas.

Mais alors l'intégration est facile. Car on a $xddy = aydydx$; mais dx constant donne $ddx = 0$: donc l'intégrale du premier membre est $xdy - ydx$, & celle du second est $\frac{ayydx}{2}$. Donc on aura $\frac{xdy - ydx}{yy} = \frac{adx}{2} \pm Cdx$.

CCXXXV.

Seconde partie de la méthode.

PROBLEME 2. Intégrer les équations qui se rapportent à la formule générale $ax^m y^{-m-1} dx^p dy^{2-p} + bx^n y^{-n-1} dx^q dy^{2-q} = ddy$, dans laquelle dx est constant.

SOLUTION. Soit . . . . $x = c^u$

$$y = c^u t$$

j'aurai . . . . $dx = c^u du$,

& comme dx est constant, $c^u ddu + c^u du^2 = 0$; c'est-à-dire, $ddu = -du^2$, on a aussi

$$dy = c^u dt + c^u t du$$
$$ddy = c^u . (ddt + 2dudt + tdu^2 + tddu),$$

& à cause que nous avons $ddu = -du^2$,

$$ddy = c^u . (ddt + 2dudt).$$

Substituant ces valeurs dans la formule, elle devient $ddt + 2dudt = at^{-m-1} du^p \times (dt + tdu)^{2-p} + bt^{-n-1} du^q . (dt + tdu)^{2-q}$, équation dans laquelle ne se trouve pas l'indéterminée finie u.

Je suppose donc $du = zdt$, ce qui me donne $ddu = dzdt + zddt$. Mais $ddu = -du^2 = -zzdt^2$; donc $ddt = -\frac{dzdt}{z} - zdt^2$. Donc on aura l'équation suivante $at^{-m-1} z^p dt^p . (dt + ztdt)^{2-p} + bt^{-n-1} z^q dt^q . (dt + ztdt)^{2-q} = -\frac{dzdt}{z} + zdt^2$, ou bien ($A$) $at^{-m-1} z^p dt . (1 + zt)^{2-p} + bt^{-n-1} z^q dt . (1 + zt)^{2-q} = -\frac{dz}{z} + zdt$, équation différentielle du premier ordre : d'où je conclus que je pouvois réduire tout de suite la proposée en faisant . . . . $x = c^{\int zdt}$

$y = c^{\int zdt} t$.

Ces deux suppositions nous donnent $dx = c^{\int zdt} zdt$ & $dy = c^{\int zdt} dt + c^{\int zdt} ztdt$; donc $ddx = c^{\int zdt} \times (zddt + dzdt + zzdt^2)$: mais dx étant constant, $ddx = 0$, donc $zddt + dzdt + zzdt^2 = 0$, & $ddt = -zdt^2 - \frac{dzdt}{z}$, & par conséquent on aura $ddy = c^{\int zdt} \times (zdt^2 - \frac{dzdt}{z})$.

Appliquons cette formule à quelques exemples.

CCXXXVI.

Soit l'équation $xdxdy - ydx^2 = yyddy$. Pour la comparer avec la formule, je l'écris ainsi $xy^{-2} dxdy - y^{-1} dx^2 = ddy$. J'ai donc . . . . $a = 1$ *Application à un exemple.*

$m = 1$

$p = 1$

$n = 0$

$b = -1$

$q = 2$.

Substituant ces valeurs dans l'équation (A) elle devient $t^{-2}zdt \times (1+zt) - t^{-1}zzdt = -\frac{dz}{z} + zdt$, ou $\frac{zdt+zztdt}{tt} - \frac{zzdt}{t} = -\frac{dz+zzdt}{z}$; ou $zzdt + z^3tdt - z^3tdt = -ttdz + zzttdt$. Donc en réduisant on a $zzdt - zzttdt = -ttdz$. Donc $dt - \frac{dt}{tt} = \frac{dz}{zz}$; & en intégrant $t + \frac{1}{t} = -\frac{1}{z} + C$; c'est-à-dire $ttz + z = -t + Ctz$. Mais par les substitutions $z = \frac{du}{dt}$; donc l'équation $Ctz - t = ttz + z$ devient ici $Ctdu - tdt = ttdu + du$, ou (E) $du = \frac{tdt}{Ct-tt-1}$. D'un autre côté la supposition de $c^u = x$ donne $ulc = lx$, & à cause que $lc = 1$, $du = \frac{dx}{x}$; on aura aussi $y = c^ut = xt$, donc $t = \frac{y}{x}$, $dt = \frac{xdy-ydx}{xx}$. Substituons dans (E) pour du, dt, t leurs valeurs, on aura $ydy + xdx = Cydx$, équation au cercle dans le cas où $C = 0$.

CCXXXVII.

SCHOLIE. La formule que nous venons de traiter dans le Problême précédent n'a que trois termes : on pourroit y en ajouter tant d'autres qu'on voudroit, pourvu toutesfois qu'ils eussent les conditions énoncées Art. CCXXIX. Pour ne laisser aucun doute sur cet article, nous allons appliquer la méthode à un exemple qui a plus de trois termes.

Autre exemple dans lequel l'équation a plus de trois termes.

Soit proposée l'équation suivante $y^2dx^3 + x^2dy^3 - yxdxdy^2 - yxdydx^2 + yx^2dxddy - xy^2dxddy = 0$, dans laquelle dx est constant. Je suppose, ainsi que je l'ai fait plus haut, ... $x = c^u$

$y = c^u t$,

j'aurai . . . . $dx = c^u du$

$dy = c^u.(dt + tdu)$;

& à cause que $ddx = 0$, $ddy = c^u \times (ddt + 2dudt)$. Je substitue pour x, y, dx, dy, ddy leurs valeurs dans l'équation, je trouve la transformée suivante après les réductions ordinaires (F) $dt^3 + 2tdudt^2 - ttdtdu^2 + tdtdu^2 + tduddt - ttduddt = 0$, dans laquelle on voit bien que l'indéterminée finie u ne se trouve pas.

Je fais donc . . . . $du = zdt$,

j'en tire $ddu = dzdt + zddt$, ou parce que $ddx = 0$ donne $ddu = -du^2$, $-du^2 = dzdt + zddt$, donc $ddt = -zdt^2 - \frac{dzdt}{z}$. Donc enfin après avoir substitué ces valeurs dans (F), on aura la réduite $dt + 2tzdt - tdz + ttdz = 0$, ou bien $(tt - t)dz + 2ztdt + dt = 0$, équation réduite au cas général du Chapitre VII.

Si on applique à cette équation les regles que nous avons données dans ce Chapitre, on trouvera pour son intégrale $(t - 1)^2 z + t - lt = C$.

Cherchons maintenant au moyen de cette intégrale le rapport de x à y. La supposition de $du = zdt$ donne $z = \frac{du}{dt}$; donc l'intégrale trouvée devient $(t-1)^2 du + tdt - dtlt = Cdt$, ou $du = \frac{Cdt - tdt + dtlt}{(t-1)^2}$, équation dont l'intégrale est en ajoutant la constante A, (G) $u = \frac{t - C - tlt + At - A}{t - 1}$. Mais la supposition de $x = c^u$ donne $u = lx$, & comme on suppose aussi $y = c^u t$, on

aura $y = tx$, & $t = \frac{y}{x}$. Donc l'intégrale (G) devient $lx = \frac{y - Cx - yly + ylx - Ax + Ay}{y - x}$. Donc $ylx - xlx = y - Cx - yly + ylx - Ax + Ay$. Donc enfin en réduisant & supposant . . $-C - A = m$
& . . . . $A + 1 = n$,
on a . . . . $mx + ny = yly - xlx$.

CCXXXVIII.

Troisieme partie de la méthode.

Comprend deux cas.

La troisieme partie de la méthode comprend, ainsi que nous l'avons dit plus haut, toutes les équations dans lesquelles l'une des deux variables avec ses différences a dans chaque terme le même nombre de dimensions. Nous avons dit aussi qu'il falloit distinguer deux cas; le premier, quand on a pour constante la premiere différence de l'indéterminée qui a le même nombre de dimensions à tous les termes; le second lorsque c'est la premiere différence de l'autre indéterminée qui est constante. Nous traiterons ces deux cas séparément.

CCXXXIX.

Premier cas représenté par la formule $Px^m dy^{m+2} + Qx^{m-n} dx^n dy^{m+2-n} = dx^m ddy$.

PROBLEME 3. Intégrer les équations représentées par la formule $Px^m dy^{m+2} + Qx^{m-n} dx^n dy^{m+2-n} = dx^m ddy$, dans laquelle la somme des exposants de x & de dx est m dans tous les termes, dx est constant & P, Q sont des fonctions quelconques de y.

SOLUTION. Je suppose . . . . . $x = c^u$,
ce qui me donne . . . . $dx = c^u du$

& . . . . $ddu = -du^2$;
je substitue ces valeurs dans la formule, & je la divise par c^{mu}, qui se trouve à tous les termes, j'ai la transformée (I) $Pdy^{m+2} + Qdu^n dy^{m+2-n} = du^m ddy$, laquelle ne contient point u.

Je fais donc $du = zdy$, $ddu = dzdy + zddy$: mais $ddu = -du^2$ & $du^2 = zzdy^2$; donc $zddy + dzdy = -zzdy^2$, & par conséquent $ddy = -zdy^2 - \frac{dzdy}{z}$. Donc en substituant ces valeurs l'équation (I) devient $Pdy^{m+2} + Qz^n dy^{m+2} = -z^{m+1} dy^{m+2} - z^{m-1} dy^{m+1} dz$, & divisant par dy^{m+1}, (L) $Pdy + Qz^n dy = -z^{m+1} dy - z^{m-1} dz$, équation réduite aux premieres différences. Il est évident qu'on auroit réduit tout de suite la proposée, si on eût fait $x = c^{\int zdy}$. Cette supposition nous eût donné $dx = c^{\int zdy} zdy$, $ddx = c^{\int zdy}$. $(dzdy + zddy + z^2dy^2)$: or $ddx = 0$, donc on auroit eu $ddy = -zdy^2 - \frac{dzdy}{z}$, comme on l'a trouvé plus haut.

Appliquons cette formule à un cas particulier qui ait plus de trois termes. Application de la formule à un exemple.

CCXL.

Qu'on ait à intégrer l'équation $2adx^2dy + axdxddy = 2xdxdy^2 + 2xxdyddy$, dans laquelle dx est constant. Soit . . . . $x = c^{\int zdy}$

$$dx = c^{\int zdy} zdy$$

$$ddy = -zdy^2 - \frac{dzdy}{z}.$$

Subſtituons pour x, dx, ddy, ces valeurs dans l'équation, elle devient $2ac^{2\int zdy}z^2dy^3 - ac^{2\int zdy}z^2dy^3 - ac^{2\int zdy}dzdy^2 = 2c^{2\int zdy}zdy^3 - 2c^{2\int zdy}zdy^3 - \frac{2c^{2\int zdy}dzdy^2}{z}$, & en diviſant par $c^{2\int zdy}dy^2$ qui ſe trouve à tous les termes, on a après la réduction $az^2dy - adz = -\frac{2dz}{z}$, ou bien $ady = \frac{azdz - 2dz}{z^3}$. L'intégrale de cette équation eſt $ay = -\frac{a}{z} + \frac{1}{zz} + C$. Maintenant la ſuppoſition $x = c^{\int zdy}$ nous donne $lx = \int zdy$, & $\frac{dx}{x} = zdy$: donc $z = \frac{dx}{xdy}$. Remettant dans l'intégrale pour z cette valeur, nous aurons l'équation réduite

$$aydx^2 = xxdy^2 - axdxdy + Cdx^2.$$

Je paſſe au ſecond cas.

CCXLI.

Second cas repréſenté par la formule $Px^m dy^{m+1} + Qx^{m-n} dx^n dy^{m-n+1} = dx^{m-1} ddx$.

PROBLEME 4. Intégrer les équations contenues dans la formule $Px^m dy^{m+1} + Qx^{m-n} dx^n dy^{m-n+1} = dx^{m-1} ddx$, dans laquelle dy eſt conſtant, P & Q ſont des fonctions de y.

SOLUTION. Je fais comme ci-deſſus $x = c^u$

$$dx = c^u du$$

$$ddx = c^u.(ddu + du^2).$$

Suivant ces ſubſtitutions dans la formule, nous aurons (M) $Pdy^{m+1} + Qdu^n dy^{m-n+1} = du^{m+1} + du^{m-1} ddu$ laquelle ne contient plus u. Nous avons diviſé par c^{mu} qui multiplioit tous les termes.

Je ſuppoſe donc . . . . $du = zdy$

dy

dy étant conſtant, on a . . . . . $ddu = dzdy$, & ſubſtituant ces valeurs dans l'équation (M), elle devient $Pdy^{m+1} + Qz^n dy^{m+1} = z^{m+1} dy^{m+1} + z^{m-1} dy^m dz$, & en diviſant par dy^m, $Pdy + Qz^n dy = z^{m+1} dy + z^{m-1} dz$, équation différentielle du premier ordre à laquelle on parviendroit ſur le champ en faiſant $x = c^{\int z dy}$.

Je paſſe à un exemple.

CCXLII.

Application de cette formule à un exemple.

Soit propoſé de réduire aux premieres différences l'équation $2dxdy = addx - yddx$, dans laquelle dy eſt conſtant. Je fais $x = c^{\int z dy}$

$$dx = zdyc^{\int z dy}$$

$$ddx = c^{\int z dy} \times (z^2 dy^2 + zd^2y + dzdy).$$

Mais comme dy eſt conſtant, $ddy = 0$, donc $ddx = c^{\int z dy} \times (zdy^2 + dzdy)$. Faiſant ces ſubſtitutions dans la propoſée, nous aurons $2zdy^2 = azzdy^2 + adzdy - zzydy^2 - ydydz$; & diviſant par dy, $2zdy = azzdy + adz - zzydy - ydz$, équation réduite aux premieres différences.

CCXLIII.

REMARQUE. Cette équation nous a ſervi pour faire voir l'application de notre méthode; mais on peut la réduire tout de ſuite: car on a $2dxdy + yddx = addx$, dont l'intégrale dy étant conſtant, $ydx + xdy = adx + Cdy$.

CHAPITRE VI.

Application de la méthode du Chapitre XV. aux équations différentielles d'un ordre plus élevé que le premier.

CCXLIV.

Conditions que cette méthode exige.

NOus avons vu (Chap. XV.) comment, au moyen des coefficiens indéterminés, on intégroit un nombre n d'équations différentielles du premier ordre qui renferment un nombre n d'indéterminées x, y, z, u, &c. multipliées par des constantes & par une même fonction de t, avec leurs différentielles $\frac{dx}{dt}$, $\frac{dy}{dt}$, $\frac{du}{dt}$, &c. aussi multipliées par des constantes & par une fonction de t qui soit la même pour toutes, & de plus une fonction quelconque θ, θ', &c. de la variable t. Cette même méthode s'étend aux différentielles d'un ordre plus élevé que le premier.

Si l'on a un nombre n d'équations différentielles contenant un nombre n de changeantes x, y, z, &c. multipliées par des constantes & par une fonction quelconque θ de t avec leurs différences $\frac{dx}{dt}$, $\frac{dy}{dt}$, $\frac{dz}{dt}$, aussi multipliées par des constantes & par θ; & les différences secondes $\frac{ddx}{dt^2}$, $\frac{ddy}{dt^2}$, &c. multipliées de même par des constantes & par θ, & ainsi de suite jusqu'aux différences

$\frac{d^r x}{dt^r}$, $\frac{d^r y}{dt^r}$, $\frac{d^r z}{dt^r}$ d'un degré quelconque r; que de plus chacune de ces équations contienne, si l'on veut, une fonction quelconque θ', θ'' de t; voici la méthode qu'il faudra suivre pour parvenir à l'intégration.

CCXLV.

On fera . . . . $d^{r-1}x = u\,dt^{r-1}$ Procédé de la méthode.

$$d^{r-2}x = u'\,dt^{r-2}$$
$$d^{r-1}y = u''\,dt^{r-1}$$
$$d^{r-2}y = u''\,dt^{r-2}\text{, \&c.}$$

Par ces substitutions on changera les équations données en d'autres équations qui seront au nombre de $n + (n-1)r$, & qui ne contiendront que les indéterminées x, y, z, &c. u, u', u'', u''', &c. avec leurs premieres différences seulement dx, dy, dz, du, du', du'', du'''. Ces équations alors s'intégreront en les multipliant toutes excepté la premiere, par des coefficients indéterminés différents, & pratiquant ensuite les autres opérations que prescrit la méthode du Chapitre XV. Nous allons appliquer ces principes à quelques exemples.

CCXLVI.

Soit $n = 2$, $r = 4$, ensorte qu'on ait à intégrer les deux équations suivantes $d^4y + b\,d^3y\,dt + c\,d^2y\,dt^2 + e\,dy\,dt^3 + f\,dx\,dt^3 + g\,d^2x\,dt^2 + h\,d^3x\,dt + i\,d^4x + \theta\,dt^4 = 0$, & $d^4y + \varepsilon\,d^3y\,dt + \kappa\,d^2y\,dt^2 + \iota\,dy\,dt^3 +$ Son application à des exemples. Premier exemple.

$\varphi\, dx\, dt^3 + \nu\, d^2 x\, dt^2 + \lambda\, d^3 x\, dt + \mu\, d^4 x + \tau\, dt^4 = 0.$

Je suppose alors . . . . $d^3 y = z\, dt^3$

$$d^2 y = p\, dt^2$$
$$dy = q\, dt$$
$$d^3 x = u\, dt^3$$
$$d^2 x = r\, dt^2$$
$$dx = s\, dt,$$

z, p, q, r, s, u étant de nouvelles indéterminées. Faisant dans les deux équations proposées les transformations précédentes, on a $dt^3 dz + bz\, dt^4 + cp\, dt^4 + eq\, dt^4 + fs\, dt^4 + gr\, dt^4 + hu\, dt^3 + i\, dt^3 du + \theta\, dt^4 = 0$, & $dt^3 dz + \epsilon z\, dt^4 + \varkappa p\, dt^4 + \iota q\, dt^4 + \varphi s\, dt^4 + \nu r\, dt^4 + \lambda u\, dt^4 + \mu\, dt^3 du + \tau\, dt^4 = 0$. Mais au lieu de $d^3 y = z\, dt^3$ on peut mettre $dp = z\, dt$; au lieu de $d^2 y = p\, dt^2$, $dq = p\, dt$; au lieu de $d^3 x = u\, dt^3$, $dr = u\, dt$; au lieu de $d^2 x = r\, dt^2$, $ds = r\, dt$. Donc on aura les huit équations suivantes :

$$dz + i\, du + (bz + cp + eq + fs + gr + hu + \theta)\, dt = 0$$
$$dz + \mu\, du + (\epsilon z + \varkappa p + \iota q + \varphi s + \nu r + \lambda u + \tau)\, dt = 0$$
$$dx - s\, dt = 0$$
$$dy - q\, dt = 0$$
$$ds - r\, dt = 0$$
$$dq - p\, dt = 0$$
$$dr - u\, dt = 0$$
$$dp - z\, dt = 0.$$

Les équations sont réduites à l'état qu'exige la méthode du Chapitre XV. il est maintenant facile de la leur appliquer.

CCXLVII.

Soit encore l'équation $\frac{d^3y}{dt^3} + \frac{bddy}{dt^2} + \frac{cdy}{dt} + Ky + T = 0$, T étant une fonction de t. Je mets l'équation sous cette forme $d^3y + bd^2ydt + cdydt^2 + Kydt^3 + Tdt^3 = 0$, & j'ai $n = 1$, $r = 3$. Je fais donc $ddy = xdt^2$ Second exemple.

$$dy = zdt;$$

différentiant cette derniere équation, & supposant dt constant, on aura $ddy = dzdt$; donc $dzdt = xdt^2$ ou $dz = xdt$. Donc nous aurons les deux équations suivantes . . . . $dz - xdt = 0$

$$dy - zdt = 0.$$

Mettant dans la proposée pour d^3y, ddy, dy leurs valeurs tirées des équations précédentes, & supposant toujours dt constant, nous aurons $dt^2dx + bxdt^3 + czdt^3$ $Kydt^3 + Tdt^3 = 0$ & $dx + bxdt + czdt + Kydt + Tdt = 0$, équation réduite au cas de l'Art. CLXXV. Voilà donc les trois équations sur lesquelles nous devons opérer.

Selon ce qui est dit (Chap. XV.) je multiplie la seconde de ces équations par un coefficient indéterminé μ, & la troisieme par un autre coefficient indéterminé v. J'aurai donc $dx + (bx + cz + Ky + T)dt = 0$

$$vdy - vzdt = 0$$

$$\mu dz - \mu xdt = 0.$$

J'ajoute ensemble ces trois équations de la façon suivante

(A) $dx + vdy + \mu dz + \big((b - \mu)x + (c - v)z +$

$Ky + T)dt = 0$. Soit maintenant $bx - \mu x + cz - vz + Ky = Rx + Rvy + R\mu z$, j'aurai en comparant terme à terme . . . . $b - \mu = R$

$$c - v = R\mu$$
$$K = Rv.$$

Donc $b - \mu = \frac{c-v}{\mu} = \frac{K}{v}$. Donc $(b-\mu)\mu = c - v$ & $(b-\mu)v = K$. Donc l'équation (A) devient $dx + vdy + \mu dz + (x + vy + \mu z).(b-\mu)dt + Tdt = 0$. Soit $x + vy + \mu z = u$, on aura $du + (b-\mu)udt + Tdt = 0$, équation intégrable par la méthode du Chapitre VII.

Nous avons maintenant $\mu\mu - b\mu = v - c$, ou $\mu = \frac{b}{2} \pm \sqrt{(v - c + \frac{bb}{4})}$ & $\frac{b}{2} + \sqrt{(v - c + \frac{bb}{4})} = \frac{K}{v}$; donc $v - c + \frac{bb}{4} = \frac{KK}{vv} - \frac{bK}{v} + \frac{bb}{4}$. Donc $v^3 - cvv + Kbv = KK$. Soient n, n', n'' les trois valeurs de v, on aura en supposant que m, m', m'' sont les trois valeurs correspondantes de μ, on aura, dis-je,

$$du + (b - m)udt + Tdt = 0$$
$$du + (b - m')udt + Tdt = 0$$
$$du + (b - m'')udt + Tdt = 0,$$

& encore . . . . $x + ny + mz = u$

$$x + n'y + m'z = u'$$
$$x + n''y + m''z = u''.$$

Des trois premieres équations on tirera la valeur de u en t, & les trois secondes nous donneront celles de x, y, z. Donc enfin on aura la valeur de y en t.

CCXLVIII.

REMARQUE. Cette méthode peut s'abréger en certains cas, par exemple, si on a $d^4y + Aydx^4 + Xdx^4 = 0$, au lieu d'employer quatre équations du premier degré, on peut se contenter de deux du second $ddy = udt^2$
$ddu = Aydt^2$,
lesquelles se réduisent à une équation du second degré, & celle-ci à deux du premier.

CHAPITRE VII.

Exposition d'une méthode pour construire ces mêmes équations $\frac{ad^ny}{dx^n} + \frac{bd^{n-1}y}{dx^{n-1}} + \frac{gd^{n-2}y}{dx^{n-2}}$, *&c.* $+ X = 0$, *en y supposant* $X = 0$.

CCXLIX.

DAns le Tome VII. des *Miscellanea Berolinensia*, M. Euler donne une méthode pour construire ces mêmes équations $\frac{ad^ny}{dx^n} + \frac{bd^{n-1}y}{dx^{n-1}} + \ldots$ &c. $+ X = 0$, en y supposant toutesfois $X = 0$. Voici le procédé de cette méthode. Procédé de cette méthode.

Il fait . . . . $y = Ac^{fx}$

$$dy = Ac^{fx}fdx$$
$$ddy = Ac^{fx}ffdx^2$$
$$d^ny = Ac^{fx}f^ndx^n.$$

Ces valeurs substituées dans l'équation $\frac{ad^n y}{dx^n} + \frac{bd^{n-1} y}{dx^{n-1}} + \frac{gd^{n-2} y}{dx^{n-2}} + \frac{hd^{n-3} y}{dx^{n-3}} + \&c. + y = 0$ nous donnent la transformée suivante $\frac{Aac^{fx} f^n dx^n}{dx^n} + \frac{Abc^{fx} f^{n-1} dx^{n-1}}{dx^{n-1}} + \frac{Agc^{fx} f^{n-2} dx^{n-2}}{dx^{n-2}} + \frac{Ahc^{fx} f^{n-3} dx^{n-3}}{dx^{n-3}} + \&c. \ldots + Ac^{fx} = 0$, & en effaçant ce qui se détruit, on a $af^n + bf^{n-1} + gf^{n-2} + hf^{n-3} + \&c. \ldots + 1 = 0$. Il ne s'agit donc que de résoudre cette derniere équation; & cette solution nous donnera autant de valeurs particulieres de y, que l'équation aura de racines. On ajoutera ensemble toutes ces valeurs de y, & on aura l'intégrale complete de la proposée. C'est ce que nous allons développer en ramenant à des cas particuliers l'équation générale.

C C L.

Examen des différents cas qui peuvent arriver.

Supposons $n = 2$, l'équation à intégrer sera $\frac{addy}{dx^2} + \frac{bdy}{dx} + y = 0$; & en mettant pour y sa valeur Ac^{fx}, & en réduisant on a $Ac^{fx}.(1 + bf + aff) = 0$. Que les valeurs de cette équation soient f & f', j'aurai $y = Ac^{fx}$ & $y = Bc^{f'x}$. Or chacune de ces valeurs de y substituée dans l'équation la rend égale à zéro; je dis de plus que la somme de ces deux valeurs donne de même un résultat égal à zéro. Car on aura $Ac^{fx}.(1 + bf + aff) = 0$ & $Bc^{fx}.(1 + bf' + af'f') = 0$ dans lesquelles tout se détruira par des signes contraires. Donc la somme de de ces deux valeurs substituée dans l'équation fera aussi évanouir tous les termes. Donc il faudra supposer $y = Ac^{fx} + Bc^{fx}$, & cette supposition renferme tous les cas, A étant $= 0$, $B = 0$, & A & B ayant une valeur.

Si $n = 3$, on trouvera par la même méthode, qu'il faut supposer $y = Ac^{fx} + Bc^{fx} + Dc^{fx}$, A, B, D étant des coefficiens tout-à-fait arbitraires, & ainsi de suite.

CCLI.

Lorsque f a ses valeurs égales, l'équation alors sera représentée par $ffy - \frac{2fdy}{dx} + \frac{ddy}{dx^2} = 0$. Soit $y = c^{fx}u$, on aura $dy = c^{fx}du + fuc^{fx}dx$, & en supposant dx constant, $ddy = c^{fx}ddu + 2fc^{fx}dxdu + ffuc^{fx}dx^2$. Donc en substituant ces valeurs on aura la transformée suivante $ffc^{fx}u - \frac{2fc^{fx}du}{dx} - \frac{2ffc^{fx}udx}{dx} + \frac{c^{fx}ddu}{dx^2} + \frac{fc^{fx}dxdu}{dx^2} + \frac{fc^{fx}dxdu}{dx^2} + \frac{ffc^{fx}udx^2}{dx^2} = 0$. Donc en effaçant ce qui se détruit, on a $ddu = 0$. Donc $du = \epsilon dx$, $u = \epsilon x + \alpha$. Donc lorsque $1 + bf + aff = 0$ est un quarré, il faut supposer $y = (\alpha + \epsilon x)c^{fx}$.

CCLII.

Lorsque dans une équation différentielle du troisieme ordre, f aura ses trois valeurs égales, on trouvera par la même méthode qu'on doit alors supposer $y = (\alpha + \epsilon x + \gamma xx)c^{fx}$. Car dans ce cas on aura l'équation suivante à intégrer $f^3y - \frac{3f^2dy}{dx} + \frac{3fddy}{dx^2} - \frac{d^3y}{dx^3} = 0$. Soit, comme ci-dessus, $y = uc^{fx}$, $d^3y = c^{fx} d^3u + 3fc^{fx} dx ddu + 3ffc^{fx} dx^2 du + f^3 uc^{fx} dx^3$. Après avoir substitué pour y, dy, d^2y, d^3y leurs valeurs, on trouve $d^3u = 0$; donc $ddu = A dx^2$; $du = A x dx + B dx$ & $u = \frac{Ax^2}{2} + Bx + C$. Donc enfin $y = uc^{fx} = (\alpha + \epsilon x + \gamma xx) c^{fx}$.

CCLIII.

Donc en général si f avoit un nombre k de racines égales, il faudroit supposer $y = (\alpha + \epsilon x + \gamma xx + \delta x^3 + \ldots\ldots + \lambda x^{k-1}) c^{fx}$. Ce qui est évident par ce qui précede.

CCLIV.

Maintenant si f a des valeurs imaginaires, ces imaginaires, comme on le sait, iront toujours en nombre pair. Ainsi supposons que dans l'équation $1 + bf + aff = 0$, on ait $\frac{b}{2\sqrt{a}} < 1$, alors on aura (Art. LXXXI. Introd.) $f = m + n\sqrt{-1}$ & $f' = m - n\sqrt{-1}$. Donc il faudra supposer $y = Ac^{mx + nx\sqrt{-1}} + Bc^{mx - nx\sqrt{-1}} = (Ac^{nx\sqrt{-1}} + Bc^{-nx\sqrt{-1}}) c^{mx}$. Si l'on suppose A & B réelles & égales & $= P$, cette quantité deviendra réelle; & dans ce cas on aura (Art. XLVI. Introd.) $y = c^{mx} \times 2P.\ \text{cos}.\ nx$. Elle sera encore réelle si on suppose A & B imaginaires & de différents signes. Soit, par exemple, $A = Q\sqrt{-1}$, $B = -Q\sqrt{-1}$, on aura $y = c^{mx}.(Q\sqrt{-1}.c^{nx\sqrt{-1}} - Q\sqrt{-1}.c^{-nx\sqrt{-1}}) =$ (Art. XLV. Introd.) $c^{mx}.2\sqrt{-1}.Q\sqrt{-1}.\text{sin}.\ nx = c^{mx} \times -2Q.\ \text{sin}.\ nx$. Nous venons de trouver plus haut $y = c^{mx}$.

$2P$. cos. nx. Donc en général $y = c^{mx}$. sin. $(nx + R)$. Donc l'intégrale cherchée est $y = Hc^{mx}$. sin. $(nx + R)$. Car prenons un angle R dont le sinus soit au co-sinus, comme $2P$ est à $-2Q$, on aura sin. R : cos. R :: $2P$: $-2Q$. Donc sin. $R = \frac{2P}{H}$ & cos. $R = -\frac{2Q}{H}$. Donc $2P = H$. sin. R & $-2Q = H$. cos. R. Mettant ces valeurs dans $2P$. cos. $nx - 2Q$. sin. nx, on aura H. sin. R. cos. $nx + H$. cos. R. sin. $nx = H \times$ (sin. R cos. nx + cos. R. sin. nx) = (Art. XLIX. N°. 2. Introduct.) H. sin. $(nx + R)$.

Appliquons maintenant cette méthode à quelques exemples.

CCLV.

Soit proposé d'intégrer l'équation suivante $Ay + \frac{Bdy}{dx} + \frac{Kddy}{dx^2} = 0$, dans laquelle dx est constant. Je suppose $y = Ec^{fx}$; j'aurai la transformée suivante $AEc^{fx} + \frac{BEc^{fx}fdx}{dx} + \frac{KEc^{fx}ffdx^2}{dx^2} = 0$; & en réduisant $A + Bf + Kff = 0$. Cette équation a deux racines, toutes deux réelles ou toutes deux imaginaires. Application de la méthode à une équation différentielle du second ordre.

1°. Les racines sont réelles, quand BB est $> 4AK$. Dans ce cas les deux racines sont $f = \frac{-B \pm \sqrt{(BB - 4AK)}}{2K}$. Donc l'intégrale cherchée est (Art. CCXLIX.) $y = \alpha c^{-\frac{Bx + x\sqrt{(BB-4AK)}}{2K}} + \beta c^{-\frac{Bx - x\sqrt{(BB-4AK)}}{2K}}$.

Il y a encore un cas particulier à distinguer ici, c'est celui dans lequel on auroit $BB = 4AK$. Car alors $A + 2f\sqrt{4AK} + Kff = 0$ seroit un quarré, celui de $\sqrt{A}$

$+f\sqrt{K}$. Donc les racines seroient égales. Donc (Art. CCLI.) on auroit $y=(\alpha+\epsilon x)c^{-x\sqrt{\frac{A}{K}}}$. Car la supposition de $BB=4AK$ donne $B=2\sqrt{AK}$ & $f=-\frac{B}{2K}$. Donc $y=(\alpha+\epsilon x)c^{-x\sqrt{\frac{A}{K}}}$ sera l'intégrale de l'équation $Ay+\frac{2dy\sqrt{AK}}{dx}+\frac{Kddy}{dx^2}=0$.

2°. Soit maintenant $BB<4AK$, dans ce cas les racines seront imaginaires. On aura donc $m=-\frac{B}{2K}$, $\pm n\sqrt{-1}=\frac{\sqrt{(BB-4AK)}}{2K}$ & $n=\frac{\sqrt{(4AK-BB)}}{2K}$. Donc en comparant cette valeur avec la formule $y=Hc^{mx}$ sin. $(nx+R)$, on aura l'intégrale suivante $y=Hc^{-\frac{Bx}{2K}}$. sin. $(x\frac{\sqrt{(4AK-BB)}}{2K}+R)$.

CCLVI.

Son application à une équation du troisieme ordre.

Soit encore à intégrer l'équation suivante $y-\frac{3a^2ddy}{dx^2}+\frac{2a^3d^3y}{dx^3}=0$; je supposerai $y=Ac^{fx}$, ce qui me donne la transformée suivante $1-3aaff+2a^3f^3=0$. Les facteurs de cette équation sont $(1+2af)$ & $(1-af)^2$. Le premier nous donne $f=-\frac{1}{2a}$, d'où l'on tire $y=Ac^{\frac{-x}{2a}}$. Le second a ses deux valeurs égales, on aura $f=\frac{1}{a}$, & par conséquent $y=(\alpha+\epsilon x)c^{\frac{x}{a}}$. Donc l'intégrale complete sera $y=Ac^{\frac{-x}{2a}}+(\alpha+\epsilon x)c^{\frac{x}{a}}$.

CCLVII.

A une équation d'un ordre n quelconque.

Enfin soit proposé d'intégrer l'équation suivante $\frac{d^ny}{dx^n}$

$= 0$; la ſuppoſition de $y = Ac^{fx}$ donne ici $f^n = 0$. Donc f a toutes ſes racines égales. Donc ſuivant ce que nous avons dit plus haut, il faudra faire $y = (a + bx + cxx + \ldots$ &c.$) c^{fx}$. Mais $f = 0$ donne $c^{fx} = c^0 = 1$. Donc la ſuppoſition ſe réduit à $y = a + bx + cxx + ex^3 + \ldots + px^{n-1}$.

Et en effet c'eſt ce qu'on trouvera de même, en prenant ſucceſſivement autant d'intégrales que n contient d'unités. Soit $n = 4$, la propoſée ſera $\frac{d^4 y}{dx^4} = 0$, dx étant conſtant, on aura pour intégrale $\frac{d^3 y}{dx^4}$, que l'on ſuppoſera égale à une conſtante de cette forme $\frac{a}{dx}$; ce qui fournit l'équation ſuivante $d^3 y = adx^3$; & enſuite $ddy = axdx^2 + bdx^2$; $dy = \frac{ax^2dx}{2} + bxdx + cdx$. Donc enfin $y = \frac{ax^3}{2 \cdot 3} + \frac{bx^2}{2} + cx + f$.

CHAPITRE VIII.

Comparaiſon de la Méthode expoſée dans le Chapitre précédent avec celle que nous avons donnée dans le Chapitre VI.

CCLVIII.

TElle eſt la méthode donnée par M. Euler pour la ſolution des équations renfermées dans la formule $\frac{ad^n y}{dx^n} + \frac{bd^{n-1} y}{dx^{n-1}} + \frac{gd^{n-2} y}{dx^{n-2}} +$ &c. $= 0$. Cette méthode

Démonſtration de la Méthode précédente.

peut paroître plus ſimple que celle qui réſulte de la ſolution générale expoſée dans le Chapitre VI. Mais la Méthode de M. d'Alembert rapprochée de celle de M. Euler en démontre la généralité. En effet on ne voit pas clairement que l'intégration ne réuſſira qu'en faiſant $y = Ac^{fx}$; au lieu que la ſolution énoncée ci-deſſus qui donne la valeur de y, nous montre avec évidence que y doit en effet être exprimée par un certain nombre de termes $Ac^{fy} + Bc^{gx} + Dc^{hx} + \&c.$

Car dans les cas, par exemple, où l'équation eſt du troiſieme degré, telle que $d^3y + bddydx + cdydx^2 + Kydx^3 = 0$, en faiſant, $ddy = pdx^2$

$$dy = zdx,$$

& pratiquant les opérations expoſées (Art. CCXLV.) on aura les trois équations ſuivantes,

$$dp + bpdx + czdx + Kydx = 0$$
$$dz - pdx = 0$$
$$dy - zdx = 0;$$

& enſuite .... $dp + (bp + cz + Ky)\,dx = 0$

$$vdy - vzdx = 0$$
$$\mu dz - \mu pdx = 0.$$

Donc $dp + vdy + \mu dz + \{(b - \mu)p + (c - v)z + Ky\}dx = 0$. Donc en ſuppoſant $(b - \mu)p + (c - v)z + Ky = Rp + Rvy + R\mu z$, & $p + vy + \mu z = u$, on aura $\frac{du}{u} = (\mu - b)\,dx$. Donc en faiſant pour les valeurs de v & de μ les mêmes calculs que dans l'article CLXXV. on trouvera .... $p + ny + mz = u$

$$p + n'y + m'z = u'$$
$$p + n''y + m''z = u'',$$

& de plus . . . . $du + \rho u dx = 0$
$$du' + \rho' u' dx = 0$$
$$du'' + \rho'' u'' dx = 0.$$

Par le moyen des trois premieres équations, on aura d'abord $p = \frac{m''u' - m'u'' + n''m'y - n'm''y}{m'' - m'}$, $z = \frac{u'' - u' - n''y + n'y}{m'' - m'}$, & par conséquent on aura $y = \frac{(m'' - m')u - m''u' + m'u''}{nm'' - nm' - n'm - n''m + n''m' - n'm''}$. Donc $y = Pu + P'u' + P''u''$. Mais des trois secondes équations on tire . . . . $lu = -\rho x + b$
$$lu' = -\rho' x + b'$$
$$lu'' = -\rho'' x + b'',$$

& par conséquent . . . . $u = c^{-\rho x + b}$
$$u' = c^{-\rho' x + b'}$$
$$u'' = c^{-\rho'' x + b''},$$

ou bien encore . . . . . . $u = c^{-\rho x} \times c^{b}$
$$u' = c^{-\rho' x} \times c^{b'}$$
$$u'' = c^{-\rho'' x} \times c^{b''}.$$

Donc enfin . . . . . $y = Ac^{fx} + Bc^{gx} + Dc^{hx}$.

CCLIX.

En suivant la méthode de M. d'Alembert, si on trouve les valeurs de f égales, alors on augmentera ces valeurs de quantités infiniment petites différentes l'une de l'autre. Ainsi on fera $y = Ac^{fx + \alpha x} + Bc^{fx + \rho x}$, α & ρ étant des quantités infiniment petites. Donc on aura $y = Ac^{fx} + A\alpha x c^{fx} + Bc^{fx} + B\rho x c^{fx}$; d'où l'on tire $y =$

Examen des cas différens d'après la méthode du Chapitre VI.

$(A+B)c^{fx}+(A\alpha+B\rho)xc^{fx}$. Donc enfin $y=(l+mx)c^{fx}$; ſuppoſition que nous fait faire de même la méthode de M. Euler. Nous aurions pu pouſſer l'expreſſion de $c^{fx+\alpha x}$ & de $c^{fx+\rho x}$ au-delà de deux termes; mais nous nous ſommes contentés de deux, parce qu'il n'y a dans l'équation $y=Ac^{fx+\alpha x}+Bc^{fx+\rho x}$ que deux coefficiens A & B & deux quantités infiniment petites α & ρ abſolument arbitraires.

CCLX.

Si f a trois valeurs égales, alors on ſuppoſera $y=Ac^{fx+\alpha x}+Bc^{fx+\rho x}+Dc^{fx+\sigma x}$. Comme il y a dans ce cas trois coefficiens & trois quantités infiniment petites indéterminées, on pouſſera juſqu'à trois termes la valeur approchée de $c^{fx+\alpha x}$ & des autres. On aura donc $y=Ac^{fx}+A\alpha xc^{fx}+\frac{A\alpha\alpha xxc^{fx}}{2}+Bc^{fx}+B\rho xc^{fx}+\frac{B\rho\rho xxc^{fx}}{2}+Dc^{fx}+D\sigma xc^{fx}+\frac{D\sigma\sigma xxc^{fx}}{2}$. Donc $y=(A+B+D)c^{fx}+(A\alpha+B\rho+D\sigma)xc^{fx}+\left\{\frac{A\alpha\alpha+B\rho\rho+D\sigma\sigma}{2}\right\}x^2c^{fx}$. Donc enfin $y=(l+mx\ nxx)c^{fx}$.

CCLXI.

Quand une des valeurs de f eſt $=0$, c'eſt alors une marque qu'il y a dans l'expoſition de y un terme tout conſtant. Soit, par exemple, à intégrer l'équation $d^3y+ad^2ydx+bdydx^2=0$, ſi je fais $y=Ac^{fx}$, après la ſubſtitution

substitution j'aurai la transformée suivante $Ac^{fx}f^3dx^3 + Aac^{fx}f^2dx^3 + Abc^{fx}fdx^3 = 0$; donc $f^3 + aff + bf = 0$; donc nous aurons $f = 0$ & $ff + af + b = 0$. Cette seconde équation nous donne $y = Bc^{gx} + Dc^{hx}$. La premiere donne $y = Ec^0 = E1 = E$. Donc la valeur complete de y est $y = Bc^{gx} + Dc^{hx} + E$.

Et en effet, soit . . . . $dy = zdx$

$z = Ac^{fx}$,

on aura . . . . $ddy = dzdx$

$d^3y = ddzdx$,

& par conséquent la transformée suivante $ddzdx + adzdx^2 + bzdx^3 = 0$, qui donne $ff + af + b = 0$. Donc (Art. CCL.) $z = Ac^{gx} + Fc^{hx}$. Or $dy = zdx$, donne $y = \int zdx + E = \int(Ac^{gx}dx + Fc^{hx}dx) + E$. Donc $y = Bc^{gx} + Dc^{hx} + E$.

CCLXII.

Si f a plusieurs valeurs égales à zéro, alors on remarquera que ces valeurs sont de plus égales entre elles. Donc suivant ce que nous avons dit (Art. CLIX.) on augmentera ces valeurs de quantités infiniment petites $c^{\alpha x}$, c^{bx}, c^{Bx} différentes l'une de l'autre, & on poussera l'expression de ces quantités jusqu'à un nombre de termes égal à celui des racines $= 0$.

CCLXIII.

Soit proposé d'intégrer l'équation $d^5y + ad^4ydx +$

Application à un exemple du cinquieme ordre.

$bd^3ydx^2 = 0$, dans laquelle dx est toujours constant. La transformée, en supposant $y = Ac^{fx}$, sera $Ac^{fx}f^5dx^5 + Aac^{fx}f^4dx^5 + Abc^{fx}f^3dx^5 = 0$; & en réduisant on a $f^5 + af^4 + bf^3 = 0$. Or de cette équation on tire 1°. $f^3 = 0$, qui nous apprend que f a trois valeurs égales & $= 0$; 2°. $ff + af + b = 0$. Donc en pratiquant ce qui est dit plus haut, on aura pour l'équation $ff + af + b = 0$, $y = Ac^{-\frac{ax}{2} + x\sqrt{(\frac{aa}{4} - b)}} + Bc^{-\frac{ax}{2} - x\sqrt{(\frac{aa}{4} - b)}}$; ou bien $y = Ac^{mx} + Bc^{nx}$. Pour l'équation $f^3 = 0$, on aura $y = Dc^{fx+\alpha x} + Ec^{fx+\beta x} + Fc^{fx+\rho x} = Dc^{fx} + D\alpha xc^{fx} + \frac{D\alpha\alpha xxc^{fx}}{2} + Ec^{fx} + E\beta xc^{fx} + \frac{E\beta\beta xxc^{fx}}{2} + Fc^{fx} + F\rho xc^{fx} + \frac{F\rho\rho xxc^{fx}}{2} = (D + E + F)c^{fx} + (D\alpha + E\beta + F\rho)xc^{fx} + (D\alpha\alpha + E\beta\beta + F\rho\rho)\frac{xxc^{fx}}{2}$. Mais $f = 0$, donne $c^{fx} = c^0 = 1$, donc on a $y = D + E + F + (D\alpha + E\beta + F\rho)x + (D\alpha\alpha + E\beta\beta + F\rho\rho)\frac{xx}{2} = l + px + qxx$. Donc la valeur complete de y sera $Ac^{mx} + Bc^{nx} + l + px + qxx$.

CCLXIV.

C'est ce dont on peut se convaincre de la façon suivante. Je reprends l'équation proposée $d^5y + ad^4ydx + bd^3ydx^2 = 0$. Faisons y . . . . . $dy = zdx$

$$dz = qdx$$
$$dq = rdx$$
$$r = A'c^{fx}.$$

Nous aurons . . . . $ddy = dzdx = qdx^2$

$d^3y = dqdx^2 = rdx^3$

$d^4y = ddrdx^3$

$d^5y = ddrdx^3$.

Donc la transformée sera $d^2rdx^3 + adrdx^4 + brdx^5 = 0$, ou $ddr + adrdx + brdx^2 = 0$; équation de laquelle on tire (Art. CCLVIII.) $r = A'c^{mx} + B'c^{nx}$. Mais $dq = rdx$ donne $q = \int rdx + E = \int(A'c^{mx}dx + B'c^{nx}dx) + E = \frac{A'c^{mx}}{m} + \frac{B'c^{nx}}{n} + E$. Donc $q = A''c^{mx} + B''c^{nx} + E$. De même $dz = qdx$ donne $z = \int qdx + C = \int(A''c^{mx}dx + B''c^{nx}dx + Edx) + C$. Donc $z = A'''c^{mx} + B'''c^{nx} + Ex + C$. Enfin $dy = zdx$ donne $y = \int zdx + L = \int(A'''c^{mx}dx + B'''c^{nx}dx + Exdx + Cdx) + L$. Donc $y = Ac^{mx} + Bc^{nx} + l + px + qxx$.

CCLXV.

Application de la méthode du Chap. VII. Sect. II. à une formule plus générale que celle qu'on y a traitée.

SCHOLIE I. Si l'on vouloit maintenant appliquer la méthode de M. Euler à l'équation $d^ny + ad^{n-1}ydx + \ldots + Xdx^n = 0$, dans laquelle se trouve, comme on le voit, le terme Xdx^n, alors on remarquera que dans le cas où l'équation différentielle est, par exemple, du troisieme ordre, le Problême se réduit aux équations suivantes . . . . .

$$du + \rho udx + Xdx = 0$$
$$du' + \rho' u'dx + Xdx = 0$$
$$du'' + \rho'' u''dx + Xdx = 0,$$

& . . . . $x + ny + mz = u$

$$x + n'y + m'z = u'$$
$$x + n''y + m''z = u''.$$

Multipliant par $c^{\rho x}$ l'équation $du + \rho u dx + X dx = 0$, elle devient $duc^{\rho x} + \rho u dx c^{\rho x} + X dx c^{\rho x} = 0$; dont l'intégrale est $uc^{\rho x} + \int X c^{\rho x} dx + P = 0$. Donc $u + c^{-\rho x} \int X c^{\rho x} dx + P c^{-\rho x} = 0$. On aura de la même maniere $u' + c^{-\rho' x} \int X c^{\rho' x} dx + P' c^{-\rho' x} = 0$, $u'' + c^{-\rho'' x} \int X c^{\rho'' x} dx + P'' c^{-\rho'' x} = 0$. Substituant ces valeurs de u, u', u'' dans les trois secondes équations, on en tirera la valeur de y en x, laquelle sera de la forme suivante $y = Ac^{fx} + Bc^{gx} + Dc^{hx} + \&c. + Ec^{fx} \int c^{-fx} X dx + Fc^{gx} \int X c^{-gx} dx + Gc^{hx} \int X c^{-hx} dx + \&c.$

CCLXVI.

Application de la formule à une équation différentielle du second ordre.

Ainsi supposons qu'on ait à intégrer l'équation différentielle du second ordre $ddy + adydx + bydx^2 + Xdx^2 = 0$, on fera $y = Ac^{fx} Bc^{gx} + Ec^{fx} \int X c^{-fx} dx + Fc^{gx} \int X c^{-gx} dx$. Maintenant pour déterminer f, g, A, B, E, F, je substitue dans l'équation à la place de y, dy, ddy, leurs valeurs : cette opération me donne la transformée suivante,

$$\begin{array}{l} Ac^{fx} f^2 dx^2 + Bc^{gx} g^2 dx^2 + EdXdx + EfXdx^2 + \\ + Aac^{fx} f dx^2 + aBc^{gx} g dx^2 + FdXdx + FgXdx^2 \\ + Abc^{fx} dx^2 + bBc^{gx} dx^2 \qquad\qquad + aEXdx^2 \\ \qquad\qquad\qquad\qquad\qquad\qquad\qquad + aFXdx^2 \\ \qquad\qquad\qquad\qquad\qquad\qquad\qquad + Xdx^2 \\ + Ef^2 dx^2 c^{fx} \int c^{-fx} Xdx + Fg^2 dx^2 c^{gx} \int c^{-gx} Xdx \\ + aEf dx^2 c^{fx} \int c^{-fx} Xdx + aFg dx^2 c^{gx} \int c^{-gx} Xdx \\ + bEdx^2 c^{fx} \int c^{-fx} Xdx + bFdx^2 c^{gx} \int c^{-gx} Xdx = 0. \end{array}$$

Or de cette équation on tire les six équations suivantes, en égalant à zéro les coefficiens de tous les termes analogues,

$$Aff + Aaf + Ab = 0$$
$$Bgg + Bag + Bb = 0$$
$$Eff + Eaf + Eb = 0$$
$$Fgg + Fag + Fb = 0$$
$$Ef + Fg + Ea + Fa + 1 = 0$$
$$E + F = 0$$

Donc on aura les valeurs de A, B, E, F, f, g. Donc on aura la valeur complete de y. Au reste on remarquera que A & B pourront être tout ce qu'on voudra.

S'il y a des racines égales, par exemple, si $f = g$, alors au lieu des termes $Ec^{fx}\int c^{-fx}Xdx + Fc^{gx}\int c^{-gx}Xdx$, on aura $pc^{fx}\int c^{-fx}Xdx + qxc^{fx}\int c^{-fx}Xdx - qc^{fx}\int xc^{-fx}Xdx$.

Car dans ce cas il faut faire (Art. CCLIX.) $y = Ac^{fx+\alpha x} + Bc^{fx+\rho x} +$ &c. $+ Ec^{fx+\alpha x}\int c^{-fx-\alpha x}Xdx + Fc^{fx+\rho x}\int c^{-fx-\rho x}Xdx +$ &c. α & ρ étant des quantités infiniment petites différentes l'une de l'autre. Or $c^{fx+\alpha x} = c^{fx} + \alpha x c^{fx}$, $c^{fx+\rho x} = c^{fx} + \rho x c^{fx}$: donc en supposant $A + B = l$, $A\alpha + B\rho = m$, on aura $y = (l + mx)c^{fx} + Ec^{fx}\int c^{-fx}Xdx - Ec^{fx}\int \alpha x c^{-fx}Xdx + E\alpha x c^{fx}\int c^{-fx}Xdx - E\alpha x c^{fx}\int \alpha x c^{-fx}Xdx + Fc^{fx}\int c^{-fx}Xdx - Fc^{fx}\int \rho x c^{-fx}Xdx + F\rho x c^{fx}\int c^{-fx}Xdx - F\rho x c^{fx}\int \rho x c^{-fx}Xdx =$ (en supposant $E + F = p$, & $E\alpha + F\rho = q$) $(l + mx)c^{fx} + (p + qx)c^{fx}\int c^{-fx}Xdx - (E + E\alpha x).c^{fx}\int \alpha x c^{-fx}Xdx - (F +$

$F\varrho x) c^{fx} \int \varrho x c^{-fx} X dx = (l + mx) c^{fx} + (p + qx) c^{fx} \int c^{-fx} X dx - (E\alpha + E\alpha\alpha x) c^{fx} \int x c^{-fx} X dx - (F\varrho + F\varrho\varrho x) . c^{fx} \int x c^{-fx} X dx$. Mais comme α & ϱ ſont des quantités infiniment petites, les termes où ſe trouvent leurs quarrés ſont nuls par rapport aux autres : donc on aura $y = (l + mx) c^{fx} + p c^{fx} \int c^{-fx} X dx + q x c^{fx} \int c^{-fx} X dx - q c^{fx} \int x c^{-fx} X dx$.

Si pluſieurs racines étoient égales à zéro, par exemple, ſi on avoit $f = 0$, $g = 0$, alors cette ſuppoſition nous donneroit $c^{fx} = 1$; donc on auroit $y = l + mx +$ &c. $+ p \int X dx + q x \int X dx - q \int x X dx +$ &c.

Il eſt aiſé de voir maintenant le procédé qu'il faudroit ſuivre, s'il y avoit dans l'équation propoſée plus de deux racines égales, ou égales à zéro.

CCLXVII.

Autres équations traitées par la méthode du Chap. VII. Sect. II.

SCHOLIE 2. En ſuivant les mêmes principes, on appliquera facilement la méthode de M. Euler aux équations différentielles du premier degré que nous avons réſolues dans le Chapitre XV. par la méthode des coefficiens indéterminés : nous trouverons la forme que doivent avoir les valeurs indéterminées x, y, z &c. Nous allons le faire voir par un exemple.

CCLXVIII.

Soient propoſées les deux équations

$$dx + a dy + (cx + ey) T dt + \theta dt = 0$$

$$dy + b\,dx + (fx + gy)\,Tdt + Fdt = 0,$$

dans lesquelles θ, T & F sont des fonctions quelconques de t. Je multiplie la seconde de ces deux équations par un coefficient indéterminé μ, & j'aurai

$$dx + a\,dy + (cx + ey)\,Tdt + \theta\,dt = 0$$

$$\mu dy + b\mu dy + (fx + gy)\,\mu Tdt + \mu Fdt = 0:$$

je les ajoute ensemble, j'ai $(1 + b\mu)\,dx + (a + \mu)\,dy + \{(c + \mu f)\,x + (e + g\mu)\,y\}\,Tdt + (\theta + \mu F)\,dt = 0.$ Soit $(c + f\mu)\,x + (e + g\mu)\,y = (1 + b\mu)\,Rx + (a + \mu)\,Ry$, on aura en comparant terme à terme

$$c + f\mu = R + b\mu R$$

$$e + g\mu = aR + \mu R,$$

donc l'équation devient $(1 + b\mu)\,dx + (a + \mu)\,dy + \{(1 + b\mu)\,Rx + (a + \mu)\,Ry\}\,Tdt + (\theta + \mu F)\,dt = 0.$

Soit . . . . $(1 + b\mu)\,x + (a + \mu)\,y = u,$

on aura . . . $(1 + b\mu)Rx + (a + \mu)Ry = Ru$

$$(1 + b\mu)dx + (a + \mu)\,dy = du:$$

donc en substituant ces valeurs dans la derniere équation, j'aurai $du + RuTdt + (\theta + \mu F)\,dt = 0$, équation intégrable par la méthode de M. Bernoulli, exposée dans le Chapitre VII. Section I.

Rappellons-nous le procédé que cette méthode nous donne pour trouver la valeur de u en t, nous multiplierons l'équation par t', en supposant que t' soit une fonction de t, telle que les deux premiers termes deviennent une différentielle exacte. On aura donc $t'du + Rut'Tdt + (\theta + \mu F)\,t'dt = 0$. Mais par l'hypothese précédente on a $dt' = Rt'Tdt$; donc $\frac{dt'}{t'} = RTdt$; donc $lt' = \int RTdt$; donc $t' = c^{R\int Tdt}$. Donc $c^{R\int Tdt} du + uc^{R\int Tdt} RTdt + (\theta + \mu F) c^{R\int Tdt} dt = 0$, équation dont l'intégrale eſt $uc^{R\int Tdt} + \int (\theta + \mu F) c^{R\int Tdt} dt = Q$. Donc enfin $u = Qc^{-R\int Tdt} - c^{-R\int Tdt} \int (\theta + \mu F) c^{R\int Tdt} dt$.

Maintenant on a . . . $\frac{c + f\mu}{1 + b\mu} = R$,

& . . . . $\frac{e + g\mu}{a + \mu} = R$:

donc . . . . $\frac{e + g\mu}{a + \mu} = \frac{c + f\mu}{1 + b\mu}$: donc $e + g\mu + be\mu + bg\mu\mu = ac + af\mu + c\mu + f\mu\mu$, équation qui nous apprend que μ a deux valeurs. Soient m & m' ces deux valeurs de μ, au lieu de l'équation $u = Qc^{-R\int Tdt} - c^{-R\int Tdt} \int (\theta + \mu F) c^{R\int Tdt} dt$, on aura les deux ſuivantes,

$$u = Qc^{-R\int Tdt} - c^{-R\int Tdt} \int (\theta + mF) c^{R\int Tdt} dt,$$
$$u' = Q'c^{-R'\int Tdt} - c^{-R'\int Tdt} \int (\theta + m'F) c^{R'\int Tdt} dt;$$

& au lieu de l'équation $(1 + b\mu) x + (a + \mu) y = u$; en ſuppoſant . . . . $1 + bm = i$, $a + m = n$

$1 + bm' = l$, $a + m' = h$,

on aura . . . . $ix + ny = u$

$lx + hy = u'$.

De ces deux équations on tire après un calcul fort ſimple . . . . $y = \frac{iu' - lu}{ih - ln}$,

$x = \frac{hu - nu'}{ih - ln}$.

Donc en ſubſtituant pour u, & u' leurs valeurs, on aura $x = Ac^{-R\int Tdt} + Bc^{-R'\int Tdt} + Ec^{-R\int Tdt} \int (\theta + mF) c^{R\int Tdt}$

$c^{R\int T dt} dt + F c^{-R'\int T dt} \int (\theta + m'F) c^{R'\int T dt} dt$. Donc en ſuppoſant . . . . $- R = f$

$- R' = g$

on a $x = A c^{f\int T dt} + B c^{g\int T dt} + E c^{f\int T dt} \int (\theta + mF) c^{-f\int T dt} dt + F c^{g\int T dt} \int (\theta + m'F) c^{-g\int T dt} dt$. On trouvera de même $y = A' c^{f\int T dt} + B' c^{g\int T dt} + E' c^{f\int T dt} \int (\theta + mF) c^{-f\int T dt} dt + F c^{g\int T dt} \int (\theta + m'F) c^{-g\int T dt} dt$.

CCLXVIII.

Si l'on avoit à intégrer les trois équations ſuivantes,

$$dx + (ax + by + cz) dt = 0$$
$$dy + (ex + fy + gz) dt = 0$$
$$dz + (hx + my + nz) dt = 0$$

on trouveroit en ſuivant les mêmes procédés

$$x = A c^{ft} + B c^{gt} + D c^{ht}$$
$$y = A' c^{ft} + B' c^{gt} + D' c^{ht}$$
$$z = A'' c^{ft} + B'' c^{gt} + D'' c^{ht} :$$

CCLXIX.

COROLLAIRE GENERAL. Il ſuit de tout ce que nous venons de dire dans ce Chapitre, que la forme qu'il faut donner aux indéterminées x, y, z, &c. dépend de deux choſes, 1°. De la forme de la valeur des u dans l'équation finale. 2°. Du nombre d'équations du premier degré auxquelles le Problême ſe réduira; ou ce qui revient au même, des valeurs de u, u', u'', &c. qui toutes ſont, comme on l'a vu, repréſentées par des équations ſemblables & de différents coefficients.

CHAPITRE IX.

Méthode pour trouver les cas d'intégrabilité de quelques équations du second ordre, représentées par la formule (M) $(a+bx^n)x^2ddv+(c+fx^n)xdxdv+(g+hx^n)vdx^2=0$, *dans laquelle* dx *est constant.*

CCLXX.

DAns les Chapitres IX, X & XI de la premiere Section, nous avons développé comment on trouvoit les cas d'intégrabilité de l'équation de Ricati & de quelques autres du premier ordre à trois ou quatre termes, qu'on ne peut intégrer généralement par les méthodes connues des Géometres jusqu'à présent. C'est un travail avantageux aux progrès de l'analyse, que de chercher ainsi des intégrales particulieres, lorsque l'art ne nous en donne point de générales. M. Euler l'a pratiqué pour les équations du second ordre représentées par la formule (*M*) $(a+bx^n)x^2ddv+(c+fx^n)xdxdv+(g+hx^n)vdx^2=0$, dans laquelle dx est supposé constant.

Quel est l'auteur de cette méthode.

Mais avant d'exposer la méthode dont il se sert, nous allons placer ici la solution d'un Problême dont nous aurons lieu de faire l'application dans ce Chapitre.

Solution d'un Problême nécessaire pour la suite.

CCLXXI.

PROBLEME. Etant donnée l'intégrale particuliere d'une différentielle d'un ordre plus élevé que le premier, trouver par son moyen l'intégrale générale & complete de cette équation.

SOLUTION. Soit l'équation $Pddv + Qdxdv + Rvdx^2 = 0$, dans laquelle P, Q & R sont des fonctions de x, qu'on a intégrée pour un cas particulier en faisant $v = X$, c'est-à-dire, une fonction de x. Pour trouver l'intégrale complete, je fais $v = Xz$,

ce qui me donne . . $dv = Xdz + zdX$

$$ddv = zddX + 2dXdz + Xddz.$$

Je substitue ces valeurs dans la proposée ; cette substitution donne la transformée suivante,

$$\begin{aligned} &PzddX + 2PdXdz + PXddz = 0 \\ &+ QzdXdx + QXdxdz \\ &+ RzXdx^2 \end{aligned}$$

mais X est la valeur qu'il faut substituer à v dans l'équation $Pddv + Qdxdv + Rvdx^2 = 0$; on aura donc $PzddX + QzdXdx + RzXdx^2 = 0$; donc en effaçant ces termes dans la transformée, il nous reste $2PdXdz + QXdxdz + PXddz = 0$, ou bien $\frac{2dX}{X} + \frac{Qdx}{P} + \frac{ddz}{dz} = 0$. Or P & Q étant des fonctions de x, l'intégrale de cette équation est $2lX + \int\frac{Qdx}{P} + l\frac{dz}{dx} = A$; & en supposant $\int\frac{Qdx}{P} = s$, c le nombre dont le logarithme est l'unité, on aura $2lX + slc + l\frac{dz}{dx} = A$; ou bien $X^2 c^s dz$

$= A\,dx$, ou $X^2\,dz = Ac^{-s}\,dx$. Donc $z = A\int c^{-s}\frac{dx}{X^2}$;

donc Xz ou $v = AX\int \frac{c^{-\int\frac{Q\,dx}{P}}\,dx}{X^2}$; équation qui est l'intégrale complette de $P\,ddv + Q\,dx\,dv + Rv\,dx^2 = 0$, en supposant que $v = X$ nous en donne une intégrale particuliere. Je passe maintenant à la méthode de M. Euler.

CCLXXII.

En quoi consiste la méthode.

Cette méthode consiste à transformer l'équation (M) en une serie telle que dans plusieurs cas elle soit finie, & que nous ayons par conséquent pour ces cas l'intégrale de la proposée. Nous ramenerons ensuite cette équation du second degré à une du premier, à laquelle nous donnerons différentes formes pour en déduire un grand nombre d'équations différentielles du premier ordre qui seront intégrables dans les mêmes cas que la formule (M).

On y peut faire usage de deux series différentes.

La formule (M) $(a + bx^n).x^2\,ddv + (c + fx^n).x\,dx\,dv + (g + hx^n).v\,dx^2 = 0$ peut se transformer en serie de deux façons différentes.

1°. En supposant $v = Ax^m + Bx^{m+n}\,Cx^{m+2n} + Dx^{m+3n} + Ex^{m+4n} +$ &c.

2°. En supposant $v = Ax^k + Bx^{k-n} + Cx^{k-2n} + Dx^{k-3n} + Ex^{k-4n} +$ &c. Examinons séparément les deux series que nous donnent ces deux transformées, & les conditions suivant lesquelles ces series seront terminées.

CCLXXIII.

1°. En faiſant dans $(a+bx^n)x^2 ddv + (c+fx^n)$ Premiere Serie.
$x dx dv + (g+hx^n) v dx^2 = 0$, $v = Ax^m + Bx^{m+n} + Cx^{m+2n} + Dx^{m+3n} + Ex^{m+4n} +$ &c. on aura $dv = mAx^{m-1}dx + (m+n)Bx^{m+n-1}dx + (m+2n)Cx^{m+2n-1}dx + (m+3n).Dx^{m+3n-1}dx + (m+4n).Ex^{m+4n-1}dx +$ &c.; & comme dx eſt conſtant, on aura $ddv = m.(m-1)Ax^{m-2}dx^2 + (m+n).(m+n-1)Bx^{m+n-2}dx^2 + (m+2n).(m+2n-1).Cx^{m+2n-2}dx^2 + (m+3n).(m+3n-1).Dx^{m+3n-2}dx^2 + (m+4n).(m+4n-1).Ex^{m+4n-2}dx^2 +$ &c. Subſtituant dans l'équation $(a+bx^n)x^2 ddv + (c+fx^n).x dx dv + (g+hx^n) x dx^2 = 0$, pour v, dv, ddv, ces valeurs, on aura la transformée ſuivante (N) $\{cm+g+am.(m-1)\} Ax^m dx^2 + \{(cm+cn+g+(m+n).(m+n-1)a)B + (fm+h+bm.(m-1))A\} x^{m+n}dx^2 + \{(fm+fn+h+(m+n).(m+n-1)b)B + (cm+2cn+g+(m+2n).(m+2n-1)a)C\} x^{m+2n}dx^2 + \{(fm+2fn+h+(m+2n).(m+2n-1)b)C + (cm+3cn+g+(m+3n).(m+3n-1)a)D\} x^{m+3n}dx^2 + \{(fm+3fn+h+(m+3n).(m+3n-1)b)D + (cm+4cn+g+(m+4n).(m+4n-1)a)E\} x^{m+4n}dx^2 + \{(fm+4fn+h+(m+4n).(m+4n-1)b)E\} x^{m+5n}dx^2 +$ &c. $= 0$.

J'égale maintenant à zéro les termes homogenes, j'aurai

la valeur déterminée des coefficiens A, B, C, D, E, & de l'exposant m. D'abord on a $g+cm+am.(m-1)=0$; & afin de ne pas tomber dans des quantités affectées de signes radicaux, je regarde m comme un nombre connu, & je m'en sers pour déterminer g. J'aurai donc $g=-cm-am.(m-1)$.

Le second terme nous donne $\{cm+cn+g+(m+n).(m+n-1)a)\}B+(fm+h+bm.(m-1))A=0$. Je substitue dans cette équation au lieu de g sa valeur, j'aurai $\{cm+cn-cm-am.(m-1)+(m+n).(m+n-1)a)\}B+\{fm+h+bm.(m-1)\}A=0$, & en effaçant ce qui se détruit, on a

$$B=\frac{-A.[h+fm+bm.(m-1)]}{cn+an.(2m+n-1)}.$$

Faisant les mêmes opérations sur les termes suivants, on trouve
$$C=\frac{-B.[h+f(m+n)+b(m+n).(m+n-1)]}{2cn+2an.(2m+2n-1)}$$
$$D=\frac{-C.[h+f(m+2n)+b(m+2n).(m+2n-1)]}{3cn+3an.(2m+3n-1)}$$
$$E=\frac{-D.[h+f(m+3n)+b(m+3n).(m+3n-1)]}{4cn+4an.(2m+4n-1)}$$
&c.

On voit par là que A sera une quantité constante arbitraire, dont la détermination donnera celle de tous les coefficients suivants. Il est encore évident que les valeurs de ces coefficients étant une fois déterminées, si un seul d'entre eux est égal à zéro, tous les suivants s'évanouiront, en sorte que dans ces cas la valeur de v sera finie, & par conséquent l'équation (M) intégrable.

Supposons, par exemple, que $h+fm+bm.(m-1)$

$= 0$, alors $B = 0$, donne $C = 0$, $D = 0$, $E = 0$; & par conséquent $v = Ax^m$ & la transformée sera $\{m.(m-1).(a+bx^n)+m.(c+fx^n)+(g+hx^n)\}$ $Ax^m dx^2 = 0$, dont on connoît l'intégrale.

Si $h+f(m+n)+b(m+n).(m+n-1) = 0$; alors on aura $C = 0$, & par conséquent $D = 0$, $E = 0$; on aura donc $v = Ax^m + Bx^{m+n}$.

Si $h+f(m+2n)+b(m+2n).(m+n-1) = 0$; alors $D = 0$ donne aussi $E = 0$, & $v = Ax^m + Bx^{m+n} + Cx^{m+2n}$. Donc en général en supposant i un nombre entier positif ou zéro, l'équation proposée (M) sera intégrable toutes les fois qu'on aura $h+f(m+in)+b(m+in).(m+in-1) = 0$, ou $h = -f(m+in) - b(m+in).(m+in-1)$.

Equations de condition suivant lesquelles la premiere Serie sera terminée & la formule (M) intégrable.

CCLXXIV.

Il y a cependant des cas dans lesquels cette méthode ne nous donneroit point l'intégrale que nous demandons; ce sont ceux dans lesquels le dénominateur de nos coefficients s'évanouiroit; par exemple, si on avoit $c = -a.(2m+in+n-1)$.

CCLXXV.

Seconde Serie.

2°. Je suppose maintenant $v = Ax^k + Bx^{k-n} + Cx^{k-2n} + Dx^{k-3n} + Ex^{k-4n} +$ &c. Je fais les mêmes calculs que nous venons de faire plus haut : ils me donnent les valeurs de v, dv, ddv; je substitue ces valeurs dans l'équation (M), j'aurai la transformée ſuivante (P) $\{h + fk + bk.(k-1)\} Ax^{k+n} dx^2 + \{(g + ck + ak.(k-1)) A + (h + f(k-n) + b(k-n).(k-n-1))B\} x^k dx^2 + \{(g + (k-n)c + (k-n).(k-n-1)a) B + (h + (k-2n)f + (k-2n).(k-2n-1)b) C\} x^{k-n} dx^2 + \{(g + (k-2n)c + (k-2n).(k-2n-1)a) C + (h + (k-3n)f + (k-3n).(k-3n-1)b) D\} x^{k-2n} dx^2 + \{(g + (k-3n) c + (k-3n).(k-3n-1)a) D + (h + (k-4n)f + (k-4n).(k-4n-1)b) E\} x^{k-3n} dx^2 + \{g + (k-4n)c + (k-4n).(k-4n-1)a)\} Ex^{k-4n} dx^2$ + &c.

Maintenant je fais ſur cette transformée les mêmes opérations que j'ai faites ſur la transformée (N) ; j'égale à zéro les termes homogenes : j'aurai par ce moyen les valeurs des coefficients A, B, C, D, E, & auſſi celle de l'expoſant k. Je trouve d'abord

$$h + fk + bk(k-1) = 0$$

& en ſuppoſant k connu & déterminé, on a

$$h = -fk - bk.(k-1).$$

Subſtituant dans les différentes équations des termes homogenes pour h cette valeur, je trouve

$$B = \frac{A.(g + ck + ak.(k-1))}{fn + bn.(2k-n-1)}$$

$$C = \frac{B.(g + c(k-n) + a(k-n).(k-n-1))}{2fn + 2bn.(2k-2n-1)}$$

$$D = \frac{C.(g + c(k-2n) + a(k-2n).(k-2n-1))}{3fn + 3bn.(2k-3n-1)}$$

$$E = \frac{D.(g + c(k-3n) + a(k-3n).(k-3n-1))}{4fn + 4bn(2k-4n-1)}$$

&c.

A sera ici comme dans la serie (N) une quantité constante arbitraire, de laquelle dépendra la détermination de tous les autres coefficients; & en général si on suppose dans cette serie (P)

$$g = -c(k-in) - a(k-in).(k-in-1),$$

i étant un nombre entier positif ou zéro, la serie s'arrêtera, & l'on aura l'intégrale de l'équation (M).

Par exemple, si $i = 0$, on a B, C, D, E égaux à zéro, & par conséquent $v = Ax^k$: si $i = 1$, on aura $v = Ax^k + Bx^{k-n}$, & $C = 0$, $D = 0$, $E = 0$; & ainsi de suite.

Cas dans lesquels cette seconde Serie sera terminée & la formule (M) intégrable.

CCLXXVI.

Réunion de tous les cas d'intégrabilité précédents.

COROLLAIRE. De ce que nous venons de dire il s'ensuit que l'équation $(a+bx^n)x^2ddv + (c+fx^n)xdxdv + (g+hx^n)vdx^2 = 0$, dans laquelle

$$g = -cm - am.(m-1)$$

& . . . . $h = -fk - bk.(k-1)$

sera intégrable toutes les fois qu'on aura $f(-m-in) = h + b(m+in).(m+in-1)$, ou $c.(-k+in) = g + a(k-in).(k-in-1)$; ou bien en mettant pour h & g leurs valeurs, on trouvera l'équation intégrable, lorsque $f = \frac{[(m+in).(m+in-1) - k.(k-1)]b}{k-m-in} =$ (en faisant la division) $[1-k-m-in]b$; ou lorsque $c = \frac{[(k-in).(k-in-1) - m.(m-1)]a}{m-k+in} = (1-k-m+in)a$.

On a donc deux façons différentes de trouver une infinité de cas dans lesquels la proposée est intégrable; &

dans chacun de ces cas on trouvera algébriquement la valeur de v en x, en cherchant celle des coefficients B, C, D, E dont le nombre alors eſt limité.

CCLXXVII.

SCHOLIE. Il faut bien remarquer que les intégrales trouvées par la méthode précédente ne ſont que des cas particuliers des intégrales completes, que nous a donnés la ſuppoſition de quelque conſtante $= 0$, ou $= \infty$. Mais en ſuivant la méthode indiquée dans le Problême qui eſt à la tête de ce Chapitre, on trouvera les intégrales completes de tous ces cas différents.

CCLXXVIII.

Réduction de la formule (M) en une équation différentielle du premier ordre.

Nous allons maintenant examiner les équations différentielles du premier degré qui réſultent de notre formule (M), équations qu'on intégrera dans les mêmes cas dans leſquels on integre cette formule.

Soit ſuivant la méthode expoſée dans le Chapitre VI. Sect. II. $v = c^{\int z\,dx}$, & par conſéquent $z = \frac{dv}{v\,dx}$; on voit bien que connoiſſant la valeur de v, on aura ſur le champ celle de z en x. L'hypotheſe précédente nous donne $dv = c^{\int z\,dx} z\,dx$; & comme dx eſt ſuppoſé conſtant, on a $ddv = c^{\int z\,dx}.(dx\,dz + z^2 dx^2)$. Subſtituant ces valeurs dans (M), on a pour transformée $(a + bx^n).x^2 c^{\int z\,dx}.(dx\,dz + z^2 dx^2) + (c + fx^n).c^{\int z\,dx} zx\,dx^2 + (g + hx^n).c^{\int z\,dx} dx^2 = 0$; laquelle devient après les réductions ordinaires (V) $(a+bx^n).x^2dz+(c+fx^n)zxdx+(a+bx^n).z^2x^2dx+(g+hx^n)dx=0$, équation différentielle du premier degré.

Cas dans lesquels la réduite (V) est intégrable.

Donc (Art. CCLXXIII.) en y supposant

$$g=-cm-am.(m-1),$$

& . . . . $h=-fk-bk.(k-1)$,

elle sera intégrable, toutes les fois qu'on aura ou bien $f=\left\{\frac{(m+in).(m+in-1)-k.(k-1)}{k-m-in}\right\}b=(1-k-m-in)b$; ou bien $c=\left\{\frac{(k-in).(k-in-1)-m.(m-1)}{m-k+in}\right\}a=(1-k-m+in)a$; & de plus après avoir trouvé pour ces cas la valeur de v, on aura celle de z au moyen de l'équation $z=\frac{dv}{vdx}$.

CCLXXIX.

Transformations de l'équation (V) en d'autres de trois termes.

SCHOLIE. Mais afin que l'on voie mieux les équations particulieres renfermées dans cette équation générale (V), transformons-la dans une autre qui n'ait que trois termes de la forme suivante $Pdz+Qz^2dx+Rdx=0$, P, Q & R étant des fonctions de x. Or nous pouvons faire cette transformation de plusieurs manieres différentes que nous allons examiner ici séparément.

CCLXXX.

Premiere transformation.

PREMIERE TRANSFORMATION. Soit dans l'équation (V) $z=Ty$, T étant une fonction inconnue de x, on aura

$dz = ydT + Tdy$; & la transformée sera $(a+bx^n).yx^2dT + (a+bx^n).x^2Tdy + (c+fx^n).Tyxdx + (a+bx^n)y^2T^2x^2dx + (g+hx^n)dx = 0$. Soit maintenant $(c+fx^n).Tyxdx + (a+bx^n).yx^2dT = 0$, ou en effaçant yx qui est commun aux deux termes $(c+fx^n).Tdx + (a+bx^n).xdT = 0$, on a $\frac{(c+fx^n)dx}{(a+bx^n)x} + \frac{dT}{T} = 0$, équation de laquelle il faut tirer la valeur de T.

Pour cela je donne au premier membre la forme suivante $\frac{acx^{-1}dx + afx^{n-1}dx}{aa+abx^n}$; j'y ajoute & j'en retranche en même temps $\frac{bcx^{n-1}dx}{aa+abx^n}$, j'aurai $\frac{acx^{-1}dx + bcx^{n-1}dx + afx^{n-1}dx - bcx^{n-1}dx}{aa+abx^n}$, ou bien $\frac{cdx}{ax} + \frac{(af-bc)x^{n-1}dx}{a.(a+bx^n)}$. L'équation entiere sera donc $\frac{Cdx}{ax} + \frac{(af-bc)x^{n-1}dx}{a.(a+bx^n)} + \frac{dT}{T} = 0$. Son intégrale est, comme on le sait, $\frac{c}{a}lx + \frac{(af-bc)}{abn}.l(a+bx^n) + lT = 0$, en supposant la constante $= 0$; donc $lT = \frac{(bc-af)}{abn} l(a+bx^n) - \frac{c}{a}lx$; d'où l'on tire en repassant des logarithmes aux nombres $T = \frac{(a+bx^n)^{\frac{bc-af}{abn}}}{x^{\frac{c}{a}}}$.

Par conséquent la supposition qu'on doit faire pour $z = Ty$, est celle-ci $z = \frac{(a+bx^n)^{\frac{bc-af}{abn}}y}{x^{\frac{c}{a}}}$. Cette ſuppoſition nous donne $dz = \frac{(bc-af)}{a} \cdot (a+bx^n)^{\frac{bc-af}{abn}-1} yx^{n-\frac{c}{a}-1} dx + (a+bx^n)^{\frac{bc-af}{abn}} x^{-\frac{c}{a}} dy - \frac{c}{a} \cdot (a+bx^n)^{\frac{bc-af}{abn}} yx^{-\frac{c}{a}-1} dx$. Donc en ſubſtituant pour z & dz ces valeurs dans l'équation (V), on aura celle-ci $\frac{(bc-af)}{a} \cdot (a+bx^n)^{\frac{bc-af}{abn}} yx^{n+1-\frac{c}{a}} dx + (a+bx^n)^{\frac{bc-af}{abn}+1} x^{2-\frac{c}{a}} dy - \frac{c}{a} \cdot (a+bx^n)^{\frac{bc-af}{abn}+1} yx^{1-\frac{c}{a}} dx + (c+fx^n) \cdot (a+bx^n)^{\frac{bc-af}{abn}} yx^{1-\frac{c}{a}} dx + (a+bx^n)^{\frac{2bc-2af}{abn}+1} y^2 x^{2-\frac{2c}{a}} dx + (g+hx^n) dx = 0$. Pour réduire cette équation, je la diviſe par la quantité $(a+bx^n)^{\frac{bc-af}{abn}+1} x^{2-\frac{c}{a}}$ qui multiplie dy, j'ai $dy - \frac{cydx}{ax} - \frac{(af-bc)\,yx^{n-1}dx}{a \cdot (a+bx^n)} + \frac{(c+fx^n)ydx}{(a+bx^n) \cdot x} + (a+bx^n)^{\frac{bc-af}{abn}} y^2 x^{-\frac{c}{a}} dx + \frac{(g+hx\ \ )x^{\frac{c}{a}-2} dx}{(a+bx^n)^{\frac{bc-af}{abn}+1}} = 0$.

Maintenant comme $\frac{cydx}{ax} + \frac{(af-bc)\,yx^{n-1}dx}{a \cdot (a+bx^n)}$ & $\frac{(c+fx^n)ydx}{(a+bx^n) \cdot x}$ ſont deux expreſſions différentes de la même grandeur, & que dans l'équation précédente elles ſont de ſignes contraires, elles s'y détruiſent. Conſéquemment il ne nous reſte plus que (A) $dy + \frac{(a+bx^n)^{\frac{bc-af}{abn}} y^2 dx}{x^{\frac{c}{a}}} + \frac{(g+hx^n)\,x^{\frac{c}{a}-2} dx}{(a+bx^n)^{\frac{bc-af}{abn}+1}} = 0$; Equation transformée ($A$) qui n'a plus que trois termes.

équation intégrable, si $g = -cm - am.(m-1)$
& . . . . $h = -fk - bk.(k-1)$.
toutes les fois qu'on aura ou bien $f = (1-k-m-in)b$,
ou bien . . . . $c = (1-k-m+in)a$,
i représentant un nombre entier quelconque.

Examinons séparément les cas particuliers de cette équation.

CCLXXXI.

Equations particulieres de trois termes qu'on peut tirer de cette équation.

Supposons 1° que $bc = af$, l'équation (A) devient
$$(B)\ dy + y^2 x^{-\frac{c}{a}} dx + \frac{(g+hx^n)\, x^{\frac{c}{a}-2}\, dx}{a+bx^n} = 0.$$
Soit $x^{\frac{a-c}{c}} = t$, on aura $x = t^{\frac{a}{a-c}}$; $dx = \frac{a}{a-c} t^{\frac{a}{a-c}-1} dt$;
$x^{-\frac{c}{a}} = t^{\frac{-c}{a-c}}$; $x^{\frac{c}{a}-2} = t^{\frac{c-2a}{a-c}}$. Faisant ces substitutions dans l'équation précédente, on a celle-ci $dy + \frac{a}{a-c} y^2$
$$t^{\frac{a-c}{a-c}-1} dt + \frac{a.(g+ht^{\frac{an}{a-c}})\, t^{\frac{c-2a+a}{a-c}-1}\, dt}{(a-c).(a+bt^{\frac{an}{a-c}})} = 0;$$ c'est-à-dire qu'en réduisant on aura (Y) $dy + \frac{ay^2 dt}{a-c} +$

Premiere équation particuliere.

$$\frac{a.(g+ht^{\frac{an}{a-c}})\, dt}{(a-c).(a+bt^{\frac{an}{a-c}})\, tt} = 0.$$ Donc (Corollaire, Article CCLXXVI.) cette équation (Y) sera intégrable; si

Dans quels cas elle est intégrable.

$g = -cm - am(m-1)$
& . . . . $h = -fk - bk(k-1)$;

toutes les fois que . . . $f=(1-k-m-in)\,b$,
ou que . . . . $c=(1-k-m+in)\,a$.
Donc à cauſe de l'hypotheſe préſente de $bc=af$, qui donne $f=\frac{bc}{a}$, l'équation (Y) ſera intégrable, ſi

$$g=-cm-am.(m-1)$$

& . . . . $h=-\frac{b}{a}\{ck+ak.(k-1)$,
toutes les fois qu'on aura $c=(1-k-m-in)$,
ou . . . . $c=(1-k-m+in)$;
c'eſt-à-dire, toutes les fois qu'on aura $\frac{c+ak+(m-1)a}{an}=\pm i=$ par conſéquent un nombre entier poſitif ou négatif.

CCLXXXII.

Si de plus $c=0$, l'équation (Y) devient $dy+y^2dt+\frac{(g+ht^n)dt}{(a+bt^n)tt}=0$, & en mettant pour g & h leurs valeurs trouvées plus haut, on a (Z) $dy+y^2dt=\frac{(am.(m-1)+bk.(k-1)t^n)dt}{(a+bt^n)tt}$; équation intégrable toutes les fois qu'on aura $\frac{k+m-1}{n}=\pm i$. Donc ſi on ſuppoſe alternativement k, ou $m=0$, dans le premier cas l'équation $dy+y^2dt=\frac{am.(m-1)dt}{(a+bt^n)tt}$ ſera intégrable, toutes les fois que $\frac{m-1}{n}$ ſera égal à un nombre entier poſitif ou négatif; & ſi on ſuppoſe $m=0$, l'équation $dy+y^2dt=\frac{bk.(k-1)t^ndt}{(a+bt^n)tt}$ ſera intégrable, lorſque $\frac{k-1}{n}$ ſera égal à un nombre entier poſitif ou négatif.

Seconde équation particuliere.

Dans quels cas intégrable.

CCLXXXIII.

Mais si l'on a $c=a$, alors l'équation (B) devient $dy + \frac{y^2 dx}{x} = -\frac{(g+hx^n)dx}{(a+bx^n)x}$; & en mettant pour g & pour h leurs valeurs, on a (X) $dy + \frac{y^2 dx}{x} = \frac{(amm+bkkx^n)dx}{(a+bx^n)x}$;

Troisieme équation particuliere.

équation intégrable, toutes les fois qu'on aura $\frac{k+m}{n}$ égal à un nombre entier positif ou négatif. Donc en supposant dans cette derniere équation $k=0$, on aura la suivante $dy + \frac{y^2 dx}{x} = \frac{ammdx}{(a+bx^n)x}$; intégrable si $\frac{m}{n}$ est un nombre entier positif ou négatif; & en y supposant $m=0$, on aura cette autre équation $dy + \frac{y^2 dx}{x} = \frac{bkkx^n dx}{a+bx^n}$; intégrable toutes les fois que $\frac{k}{n}$ sera un nombre entier positif ou négatif.

Dans quels cas intégrable.

CCLXXXIV.

Reprenons maintenant l'équation (A) $dy +$

$$\frac{(a+bx^n)^{\frac{bc-af}{abn}} y^2 dx}{x^{\frac{c}{a}}} + \frac{(g+hx^n)x^{\frac{c}{a}-2} dx}{(a+bx^n)^{\frac{bc-af}{abn}+1}} = 0,$$

& supposons que dans cette équation $c = -a(n-1)$

on aura . . . . $x^{\frac{c}{a}} = x^{-n+1}$

$$x^{\frac{c}{a}-2} = x^{-n-1}$$

$$\frac{bc-af}{abn} = \frac{b-f}{bn} - 1$$

$$\frac{bc-af}{abn} + 1 = \frac{b-f}{bn}.$$

Donc

Donc l'équation (A) devient (D) $dy + \frac{(a+bx^n)^{\frac{b-f}{bn}} y^2 x^{n-1} dx}{a+bx^n} + \frac{(g+hx^n)dx}{x^{n+1}.(a+bx^n)^{\frac{b-f}{bn}}} = 0.$

Soit dans cette équation (D) $(a+bx^n)^{\frac{b-f}{bn}} = t$,

on aura . . . $a+bx^n = t^{\frac{bn}{b-f}}$

$$x^n = \frac{t^{\frac{bn}{b-f}} - a}{b}$$

$$x = \frac{(t^{\frac{bn}{b-f}} - a)^{\frac{1}{n}}}{b^{\frac{1}{n}}}$$

$$dx = \frac{\left(\frac{t^{\frac{bn}{b-f}} - a}{b}\right)^{\frac{1}{n}-1} . t^{\frac{bn}{b-f}-1} dt.}{b-f}$$

Donc en faisant ces substitutions dans l'équation (D), on aura la transformée suivante,

$$dy + \frac{y^2 . \left(\frac{t^{\frac{bn}{b-f}} - a}{b}\right) . \left(\frac{t^{\frac{bn}{b-f}} - a}{b}\right)^{\frac{1}{n}-1} . t^{\frac{bn}{b-f}-1} . t\,dt}{(b-f)\, t^{\frac{bn}{b-f}} . \left(\frac{t^{\frac{bn}{b-f}} - a}{b}\right)^{\frac{1}{n}}}$$

$$+ \frac{\left\{g+h\left(\frac{t^{\frac{bn}{b-f}} - a}{b}\right)\right\} . \left(\frac{t^{\frac{bn}{b-f}} - a}{b}\right)^{\frac{1}{n}-1} . t^{\frac{bn}{b-f}-1} dt}{(b-f) . \left(\frac{t^{\frac{bn}{b-f}} - a}{b}\right)^{\frac{1}{n}+1} t}$$

$= 0$; c'est-à-dire, qu'en réduisant on a (E) $dy + \frac{y^2 dt}{b-f}$

Quatrieme équation particuliere.

$$+\frac{b.(bg-ah+ht^{\frac{bn}{b-f}})t^{\frac{bn}{b-f}-2}dt}{(b-f).(t^{\frac{bn}{b-f}}-a)^2}=0.$$

Dans quels cas elle est intégrable.

Si donc on suppose dans cette équation $g=-cm-am(m-1)$; c'est-à-dire à cause de $c=-a(n-1)$, $g=am.(n-1)-am.(m-1)=am.(n-m)$; & $h=-fk-bk.(k-1)$, elle sera intégrable, toutes les fois qu'on aura $\frac{k+m-n}{n}$ égale à i, c'est-à-dire à un nombre entier positif; ou bien encore lorsqu'on aura $\frac{f+b(m+k-1)}{bn}$ égal à un nombre entier négatif.

Si l'on a de plus dans l'équation $dy+\frac{y^2dt}{b-f}+\{b.abm(n-m)+afk+abk(k-1)-fk-bk.(k-1)t^{\frac{bn}{b-f}}\}\times\frac{t^{\frac{bn}{b-f}-2}dt}{(b-f).(t^{\frac{bn}{b-f}}-a)^2}=0$, si l'on a, dis-je, $f=b-bn$,

alors on aura . . . . . $b-f=bn$

$$\frac{bn}{b-f}=1,$$

& l'équation précédente devient celle-ci $dy+\frac{y^2dt}{bn}+\frac{b[am.(n-m)-ak.(n-k)+k.(n-k)t]dt}{nt.(t-a)^2}=0$, laquelle sera intégrable dans le cas où $\frac{k+m}{n}$ sera égal à $\pm i$, c'est-à-dire à un nombre entier positif ou négatif. De là il suit qu'en supposant $k=n$, l'équation $dy+\frac{y^2dt}{bn}+\frac{abm.(n-m)dt}{nt.(t-a)^2}=0$ sera intégrable, si $\frac{m}{n}$ est égal à un nombre entier quelconque. Si $m=n$, l'équation $dy+\frac{y^2dt}{bn}-\frac{[abk.(n-k)+bk.(n-k)t^2]dt}{nt.(t-a)^2}=0$ sera intégrable, lorsque $\frac{k}{n}$ sera un nombre entier quelconque.

CCLXXXV.

SECONDE TRANSFORMATION. Soit reprise l'équation (V) $(a+bx^n)\,x^2dz+(c+fx^n)\,xzdx+(a+bx^n)\,z^2x^2dx+(g+hx^n)\,dx=0$, dans laquelle on suppose

Seconde transformation pour l'équation (V).

$$g=-cm-am.(m-1)$$

& . . . . . . $h=-fk-bk.(k-1)$,

& qui est alors intégrable, toutes les fois que

$$f=(1-k-m-in)\,b,$$

ou que . . . . $c=(1-k-m+in)\,a$,

nous la transformerons encore en une équation de trois termes en faisant $z=Ty+S$, T & S représentent des fonctions de x. Cette supposition nous donne

$$dz=Tdy+ydT+dS$$

$$z^2=T^2y^2+2TSy+SS,$$

& pour transformée l'équation suivante (F) $(a+bx^n)\,Tx^2dy+(a+bx^n)\,x^2ydT+(a+bx^n)\,x^2dS+(c+fx^n)\,Tyxdx+(c+fx^n)\,Sxdx+(a+bx^n)\,T^2y^2x^2dx+2\,(a+bx^n)\,TSyx^2dx+(a+bx^n)\,S^2x^2dx+(g+hx^n)\,dx=0$. Maintenant afin de faire évanouir le terme affecté de y, supposons $(a+bx^n)\,xdT+2.(a+bx^n)\,TSxdx+(c+fx^n).Tdx=0$, on aura $\frac{dT}{T}+2Sdx+\frac{(c+fx^n)\,dx}{(a+bx^n)\,x}=0$. Soit $T=x^p$, de telle sorte qu'après avoir divisé par $(a+bx^n)\,Tx^2$, le coefficient de ydx soit une puissance simple de x ; on aura $\frac{pdx}{x}+2Sdx+\frac{(c+fx^n)\,dx}{(a+bx^n)\,dx}=0$, & par conséquent

$\frac{p}{x} + 2S + \frac{c + fx^n}{(a + bx^n)\,x} = 0$: donc $S = -\frac{p}{2x}$ $\frac{-c - fx^n}{2x\,.\,(a + bx^n)} = \frac{-ap - c - (f + bp)\,x^n}{2x\,.\,(a + bx^n)}$: donc $dS =$

$$-\frac{(fnx^{n-1} + bnpx^{n-1})\,dx\,.\,2x\,(a + bx^n)}{4x^2\,.\,(a + bx^n)^2}$$

$$\frac{-(2adx + 2b\,(n + 1)\,x^n dx)\,.\,-(c + ap + (f + bp)\,x^n)}{4x^3\,.\,(a + bx^n)^2}$$

$=$ (en réduisant)

$$\frac{a\,(c + ap)\,dx - a\,(n - 1)\,.\,(f + bp)\,x^n dx + b\,(f + bp)\,x^{2n} dx + b\,(n + 1)\,.\,(c + ap)\,x^n dx}{2x^2\,.\,(a + bx^n)^2}:$$

ſubſtituant dans l'équation (F) pour T, T^2, S, S^2, dS leurs valeurs, effaçant le terme que nous y avons ſuppoſé égal à zéro & réduiſant, on aura $(a + bx^n)\,x^{p+2}\,dy$ $+ (a + bx^n)\,y^2 x^{2p+2}\,dx +$

$$\frac{2acdx + 2a^2 pdx - 2afnx^n dx + 2afx^n dx}{4\,.\,(a + bx^n)} +$$

$$\frac{2abpx^n dx + 2bfx^{2n} dx + 2b^2 px^{2n} dx}{4\,.\,(a + bx^n)} +$$

$$\frac{2bcnx^n dx + 2bcx^n dx + 2abpx^n dx - ccdx}{4\,.\,(a + bx^n)}$$

$$\frac{-\,2cfx^n dx - ffx^{2n} dx + a^2 p^2 dx}{4\,.\,(a + bx^n)} +$$

$$\frac{2abp^2 x^n dx + b^2 p^2 x^{2n} dx}{4\,.\,(a + bx^n)} + gdx + hx^n dx = 0;$$

& en diviſant par $a + bx^n$ les termes dont ce binome eſt un diviſeur exact, on aura la transformée ſuivante $(a + bx^n)\,.\,x^{p+2}\,dy + (a + bx^n)\,y^2 x^{2p+2}\,dx +$

$$\frac{p\,.\,(p + 2)\,.\,(a + bx^n)\,dx}{4} + \frac{(c + 2g)\,dx + (f + 2h)\,x^n dx}{2}$$

$\frac{-ccdx+2n(bc-af)x^n dx-2cfx^n dx-ffx^{2n}dx}{4.(a+bx^n)}=0$; & enfin en divisant par $(a+bx^n)x^{p+2}$, on a l'équation (H) $dy+y^2x^p dx+\frac{p.(p+2)dx}{4x^{p+2}}+\frac{(c+2g)dx+(f+2h)x^n dx}{2x^{p+2}.(a+bx^n)}$ $\frac{-(c+fx^n)^2 dx+2n(bc-af)x^n dx}{4.(a+bx^n)^2 x^{p+2}}=0$. Or cette équation sera intégrable, dans les cas où g étant $=-cm-am(m-1)$ & $h=-fk-bk.(k-1)$, on aura $f=(1-k-m-in)b$, ou $c=(1-k-m+in)a$; c'est-à-dire, toutes les fois que l'une des deux quantités $\frac{-(k+m-1)b-f}{bn}$, ou $\frac{(k+m-1)a+c}{an}$ sera égale à un nombre entier positif.

Equation transformée (H).

Dans quels cas elle est intégrable.

CCLXXXVI.

Maintenant faisons 1°. $bc=af$, ou $f=\frac{bc}{a}$, l'équation (H) devient celle-ci $dy+y^2x^p dx+\frac{p.(p+2)dx}{4x^{p+2}}+$ $\frac{(ac+2ag)dx+(bc+2ah)x^n dx}{2ax^{p+2}.(a+bx^n)}-\frac{\left(cc+\frac{2bccx^n}{a}+\frac{b^2c^2x^{2n}}{aa}\right)dx}{4x^{p+2}.(a+bx^n)^2}$ $=0$; c'est-à-dire, en réduisant $dy+y^2x^p dx+\frac{p.(p+2)dx}{4x^{p+2}}$ $+\frac{(g+hx^n)dx}{x^{p+2}.(a+bx^n)}+\frac{cdx}{2ax^{p+2}}-\frac{ccdx}{4aax^{p+2}}=0$; ou bien en mettant au même dénominateur les deux derniers termes & retranchant en même temps $\frac{aadx}{4aax^{p+2}}$, on aura (L) $dy+y^2x^p dx+\frac{(p+1)^2 dx}{4x^{p+2}}-\frac{(a-c)^2 dx}{4a^2 x^{p+2}}+\frac{(g+hx^n)dx}{(a+bx^n)x^{p+2}}$ $=0$. En supposant dans cette équation $g=-cm-$

Equations particulieres qu'on peut tirer de la transformée (H).

Premiere équation particuliere.

Quels sont ses cas d'intégrabilité.

$am(m-1)$ & $h = -\frac{b}{a} \times ck + ak(k-1)$, elle sera intégrable toutes les fois que $\frac{(k+m-1)a+c}{an}$ sera un nombre entier positif ou négatif. Faisons de plus dans cette équation $c = a$, on aura en mettant pour g & h leurs valeurs, $dy + y^2 x^p dx + \frac{(p+1)^2 dx}{4x^{p+2}} - \frac{(amm + bkkx^n)dx}{(a+bx^n)x^{p+2}} = 0$, qui sera intégrable si $\frac{k+m}{n}$ est égal à un nombre entier quelconque.

CCLXXXVII.

2°. Soit dans l'équation (H) $b = 0$, elle se change en celle-ci $dy + y^2 x^p dx + \frac{p.(p+2)dx}{4x^{p+2}} + \frac{(2ac+4ag)dx}{4a^2 x^{p+2}} + \frac{(af+2ah)x^n dx}{2a^2 x^{p+2}} - \frac{(cc+2cfx^n+ffx^{2n}+2afnx^n)dx}{4a^2 x^{p+2}} = 0$; & en retranchant & ajoutant comme plus haut $\frac{dx}{4x^{p+2}}$,

Seconde équation particuliere.

on a (O) $dy + y^2 x^p dx + \frac{(p+1)^2 a^2 dx}{4a^2 x^{p+2}} - \frac{(a-c)^2 dx}{4a^2 x^{p+2}} + \frac{4ag\,dx}{4a^2 x^{p+2}} + \frac{(af+2ah-afn-cf)x^n dx}{2aax^{p+2}} - \frac{ffx^{2n}dx}{4aax^{p+2}} = 0$,

Dans quels cas elle se peut intégrer.

équation intégrable, si . . $g = -cm - am(m-1)$ & . . . . $h = -fk$, toutes les fois qu'on aura $f = (1-k-m-in)b$, ou $c = (1-k-m+in)a$, c'est-à-dire toutes les fois que $f = 0$, ou que $\frac{(k+m-1)a+c}{an}$ est un nombre entier positif. Dans le cas où $f = 0$, l'équation (O) en y supposant $(p+1)^2 a^2 - (a-c)^2 + 4ag = AA$ devient $dy + A^2 x^{-p-2} dx + y^2 x^p dx = 0$, qui est l'équation de Ricati. Donc (Sect. I. Chap. IX. Art. CXIX.) elle s'intégrera toutes les fois qu'on aura $-p-2 = \frac{(2h \pm 1) \times -p-4h}{2k \mp 1}$, h représentant un nombre entier positif f en commençant par l'unité, c'est-à-dire, lorsque p sera $= 1$; ce qui est évident, puisqu'alors l'équation devient $x^3 dy + y^2 x^4 dx + adx = 0$, laquelle est dans le cas de la formule de M. Bernoulli traitée dans le Chapitre VII. Sect. I.

CCLXXXVIII.

Soit dans l'équation (O) $a^2 (p+1)^2 - (a-c)^2 + 4ag = \alpha a^2$, & $af - naf - 2afk - cf = a\epsilon f$, on aura $g = \frac{\alpha a^2 + (a-c)^2 - a(p+1)^2}{4a}$, & $c = a - na - 2ak - a\epsilon$. Donc mettant cette valeur de c dans g, on a $g = \frac{\alpha a + a(n+2k+\epsilon)^2}{4} - \frac{a(p+1)^2}{4}$. Après avoir fait ces substitutions, on a (Q) $dy + y^2 x^p dx + \frac{\alpha dx}{4x^{p+2}} + \frac{\epsilon f x^n dx}{2ax^{p+2}} - \frac{ff x^{2n} dx}{4a^2 x^{p+2}} = 0$. Dans cette équation on doit avoir $g = -cm - am.(m-1)$: mais $c = a - na - 2ak - a\epsilon$, & $g = \frac{\alpha a + a(n+2k+\epsilon)^2}{4} - a(p+1)^2$; donc on aura $g = am.(n+2k+\epsilon) - amm$. Donc $4m \times (n+2k+\epsilon) = \alpha + (n+2k+\epsilon)^2 - (p+1)^2 + 4mm$. Donc $(n+2k+\epsilon)^2 - 4m.(n+2k+\epsilon) + 4mm = (p+1)^2 - \alpha$. Donc enfin $n+2k+\epsilon = nm \pm \sqrt{(p+1)^2 - \alpha}$; & l'équation sera intégrable, toutes les fois qu'on aura $\frac{m-n-k-\epsilon}{n}$, ou $\frac{-n-\epsilon \pm \sqrt{(p+1)^2 - \alpha}}{2n}$ égal à un nombre entier positif.

Troisieme équation particuliere.

Dans quels cas elle se peut intégrer.

CCLXXXIX.

Soit dans l'équation (Q) $\alpha = 0$ & $\epsilon = 0$, elle devient

Quatrieme équation particuliere.

$dy + y^2 x^p dx = \frac{ffx^{2n-p-2}dx}{4aa}$, intégrable toutes les fois qu'on aura $\frac{-n \pm (p+1)}{2n}$ égal à un nombre entier positif.

Ses cas d'intégrabilité.

C'est ce qui est évident par ce que nous avons déja vu tant de fois dans ce Chapitre, & ce qu'on retrouveroit encore par l'Article CXIX. du Chapitre IX. Sect. I. puisque cette équation est celle de Ricati, qui est par conséquent intégrable dans tous les cas où $m = \frac{(2h \pm 1) - n - 4h}{2h \mp 1}$, h représentant un nombre entier positif. Mettant ici pour m sa valeur $2n - p - 2$, & pour n sa valeur p, on retrouvera pour l'intégrabilité la même condition que ci-dessus.

CCXC.

Cinquieme équation particuliere (φ).

Soit dans (Q) α seulement $= 0$, on aura (φ) $dy + y^2 x^p dx + \frac{\epsilon f x^n dx}{2ax^{p+2}} - \frac{ffx^{2n}dx}{4a^2 x^{p+2}} = 0$; équation intégrable, toutes les fois que $\frac{-n-\epsilon \pm (p+1)}{2n} = i$, c'est-à-dire un nombre entier positif.

Ses cas d'intégrabilité.

On aura donc $-n - \epsilon \pm (p+1) = 2in$, & par conséquent $\epsilon = \pm (p+1) - n.(2i+1)$: de-là il suit que l'équation $dy + y^2 x^p dx = \frac{ffx^{2n-p-2}dx}{4aa} + \frac{fn(2i+1) \mp f(p+1) x^{n-p-2} dx}{2a}$ est toujours intégrable. Si dans cette équation on suppose 1°. $p = 0, n = 2$; 2°. $p = 0, n = 1$; 3°. $p = -1, n = 1$, on aura les équations suivantes qui seront intégrables $dy + y^2 dx = \frac{ffx^2 dx}{4aa} + \frac{f(4i+2 \mp 1)dx}{2a}$, $dy + y^2 dx = \frac{ffdx}{4aa} + \frac{f(2i+1 \pm 1)dx}{2ax}$, $dy + \frac{ydx}{x} + \frac{ffxdx}{4aa} + \frac{f(2i+1)dx}{2a}$.

Autres équations particulieres intégrables qui viennent de l'équation (φ).

CCXCI.

CCXCI.

Soit dans l'équation (Q) ϵ seulement $=0$, on aura l'équation suivante (ξ) $dy + y^2 x^p dx = \frac{ffx^{2n-p-2}dx}{4aa} - \frac{\alpha dx}{4x^{p+2}}$, laquelle sera intégrable toutes les fois qu'on aura $-\frac{n \pm \sqrt{(p+1)^2 - \alpha}}{2n} = i$, c'est-à-dire un nombre entier positif. On aura donc $2in + n = \pm\sqrt{[(p+1)^2 - \alpha]}$; & en élevant au quarré $n^2(2i+1)^2 = (p+1)^2 - \alpha$. Donc $\alpha = (p+1)^2 - n^2.(2i+1)^2$. Donc l'équation $dy + y^2 x^p dx = \frac{ffx^{2n-p-2}dx}{4aa} + \frac{[n^2(2i+1)^2 - (p+1)^2]dx}{4x^{p+2}}$ est toujours intégrable. Donc en supposant $p=0$, $\frac{ff}{4aa} = A$, on aura l'équation $dy + y^2 dx = Ax^{2n-2}dx + \frac{[n^2.(2i+1)^2 - 1]dx}{4xx}$ qui est toujours intégrable. Donc en supposant successivement $p=0$, $n=1$; $p=0$, $n=2$; $p=0$, $n=3$, &c. on aura les équations suivantes

Sixieme équation particuliere (ξ).

Ses cas d'intégrabilité.

$$dy + y^2 dx = A dx + \frac{i(i+1)dx}{xx}$$

$$dy + y^2 dx = Ax^2 dx + \frac{4i.(i+1)dx}{xx}$$

$$dy + y^2 dx = Ax^4 dx + \frac{9i.(i+1)dx}{xx},$$

Autres équations intégrables qui viennent de l'équation (ξ).

& une infinité d'autres qui seront intégrables.

CCXCII.

Je reprends l'équation (Q) $dy + y^2 x^p dx = \frac{(ffx^{2n} - 2a\epsilon fx^n - \alpha a^2)dx}{4aax^{p+2}}$, & je suppose $\alpha = -\epsilon^2$, on aura $dy + y^2 x^p dx = (ffx^{2n} - 2a\epsilon fx^n + a^2\epsilon^2)\frac{dx}{4aax^{p+2}}$

Septieme équation particuliere.

Dans quels cas elle est intégrable.

$= \frac{(fx^n - a\epsilon)^2 dx}{4aax^{p+2}}$; & cette équation sera intégrable, toutes les fois que $-n-\epsilon-\sqrt{(p+1)^2+\epsilon^2} = 2in$. Donc alors on aura $2in+n+\epsilon = \pm\sqrt{(p+1)^2+\epsilon^2}$; & en quarrant les deux membres, on a $4i^2n^2+4in^2+4\epsilon in+n^2+2\epsilon n+\epsilon\epsilon = (p+1)^2+\epsilon\epsilon$; donc en réduisant $\epsilon = \frac{(p+1)^2-n^2(2i+1)^2}{2n.(2i+1)}$. Donc l'équation $dy+y^2x^pdx = \left(\frac{n^2.(2i+1)^2-(p+1)^2}{4n.(2i+1)}+\frac{fx^n}{2a}\right)^2 \frac{dx}{x^{p+2}}$ est toujours intégrable. Donc en donnant successivement à p & à n différentes valeurs, on aura différentes équations intégrables. Soit, par exemple, $p=0$, on aura l'équation intégrable $dy+y^2dx = \left(\frac{n^2.(2i+1)^2-1}{4n.(2i+1)}+\frac{fx^n}{2a}\right)^2 \times \frac{dx}{xx}$. Si $p=-1$, on aura pour lors $dy+\frac{y^2dx}{x} = \left(\frac{n(2i+1)}{4}+\frac{fx^n}{2a}\right)^2 \frac{dx}{x}$ qui est intégrable.

CCXCIII.

Soit dans l'équation (Q) $x^{p+1}=t$,

on aura . . . . $x = t^{\frac{1}{p+1}}$

$$x^n = t^{\frac{n}{p+1}}$$

$$x^{p+2} = t^{\frac{p+2}{p+1}}$$

$$dx = \frac{1}{p+1} t^{\frac{-p}{p+1}} dt$$

$$\frac{dx}{x^{p+2}} = \frac{dt}{(p+1)tt}$$

$$x^p dx = \frac{dt}{p+1}.$$

Donc la transformée sera $dy + \frac{y^2 dt}{p+1} = \left\{\frac{n^2(2i+1)^2 - (p+1)^2}{2n.(2i+1)} \right.$ $\left. \frac{ft^{\frac{n}{p+1}}}{2a}\right\} \times \frac{dt}{(p+1)tt}$; ou $(p+1)\ dy + y^2 dt =$ $\left\{\frac{n^2.(2i+1)^2 - (p+1)^2}{2n.(2i+1)} + \frac{ft^{\frac{n}{p+1}}}{2a}\right\} \times \frac{dt}{tt}$; équation qui est intégrable.

Huitieme équation particuliere intégrable.

CCXCIV.

En suivant cette méthode on trouveroit encore les cas d'intégrabilité d'un grand nombre d'équations différentielles qui ne sont pas intégrables absolument; la difficulté ne consisteroit que dans la longueur du calcul. Par exemple, si l'on veut chercher les cas d'intégrabilité de l'équation $(a + bx^n + cx^{2n})\, x^2 ddv + (f + gx^n + hx^{2n})\, xdxdv + (p + qx^n + rx^{2n}).vdx^2 = 0$, on les trouveroit en faisant $v = Ax^m + Bx^{m+n} + Cx^{m+2n} + \&c.$ ou bien $v = Ax^k + Bx^{k-n} + Cx^{k-2n} + \&c.$ On détermineroit les coefficients A, B, C, D, &c. de la même maniere que nous avons déterminé ceux des Articles CCLXXIII. & CCLXXV.; mais on doit remarquer ici qu'il faut que deux de ces coefficients soient égaux à zéro, pour que les autres s'évanouissent. C'est ce dont il est aisé de se convaincre en mettant dans la proposée pour v, dv, ddv leurs valeurs tirées de l'une des deux series précédentes. Par exemple, si on se sert de la serie premiere, on trouvera qu'afin que $v = Ax^m$ il faut que $p + fm + am(m-1) = 0$, & qu'en même temps $q + gm +$

Application de la méthode précédente à une formule différentielle du second ordre plus compliquée que la formule (*M*).

$bm.(m-1)=0$ & $r+hm+cm(m-1)=0$. Pour que $v=Ax^m+Bx^{m+n}$ il ſera néceſſaire qu'on ait

1°. $B=A.\{q+gm+bm(m-1)\}$

2°. $0=p+fm+am(m-1)$

3°. $0=r+h(m+n)+c(m+n).(m+n-1)$

4°. $n^2.\{h+c(2m+n-1)\}.\{f+a(2m+n-1)\}+\{q+gm+bm.(m-1)\}.\{q+g.(m+n)+b.(m+n).(m+n-1)\}=0$, & ainſi de ſuite.

CHAPITRE X.

Examen de pluſieurs équations différentielles du ſecond ordre, intégrables dans les mêmes cas que d'autres équations du même ordre qui ont un terme de moins.

CCXCV.

Application à une équation différentielle du ſecond ordre.

THEOREME. L'Equation différentielle du ſecond ordre $ddu+\xi dudx+uXdx^2+\zeta dx^2=0$ eſt intégrable dans les mêmes cas dans leſquels on peut intégrer la ſuivante $ddu+\xi dudx+uXdx^2=0$, qui, comme on le voit, a un terme de moins. ξ, X & ζ dans la premiere équation, ξ & X dans la ſeconde ſont des fonctions de x.

DEMONSTRATION. Je ſuppoſe $du+tQdx=0$; t & Q étant deux indéterminées; ſubſtituant pour du & ddu

leurs valeurs dans la proposée, la divisant ensuite par Qdx & changeant les signes, on aura $dt + \frac{tdQdx}{Qdx} + t\xi dx - \frac{uXdx}{Q} - \frac{\zeta dx}{Q} = 0$. A cette équation j'ajoute l'équation $du + tQdx = 0$, j'aurai (A) $du + dt + (tQ + \frac{tdQ}{Qdx} + \xi t - \frac{uX}{Q}) \times dx - \frac{\zeta dx}{Q} = 0$. Or cette équation seroit intégrable, si elle se pouvoit ramener à la forme suivante $du + dt + (u + t).Pdx - \frac{\zeta dx}{Q} = 0$, P & Q étant des fonctions connues de x. Car en faisant $u + t = r$, $du + dt = dr$, on auroit $dr + rPdx - \frac{\zeta dx}{Q} = 0$; équation réduite à la formule du Chapitre VII. & qui nous donne $r = Gc^{-\int Pdx} + c^{-\int Pdx} \int \frac{\zeta}{Q} c^{\int Pdx} dx$. Donc (B) $u = Gc^{-\int Pdx} + c^{-\int Pdx} \int \frac{\zeta}{Q} c^{\int Pdx} dx - t$; $du = - Gc^{-\int Pdx} Pdx - c^{-\int Pdx} Pdx \int \frac{\zeta}{Q} c^{\int Pdx} dx + \frac{\zeta}{Q} dx - dt$. Substituant cette valeur dans $du + tQdx = 0$, on aura une équation réductible encore au cas du Chapitre VII. & qui nous donnera la valeur de t en x. Donc en mettant dans (B) pour t cette valeur, on aura celle de u en x. Donc, dans l'hypothese précédente, l'équation $ddu + \xi dudx + uXdx^2 + \zeta dx^2 = 0$ sera intégrée.

Or pour que l'équation (A) se puisse ramener à la suivante $dt + du + (u + t).Pdx - \frac{\zeta dx}{Q} = 0$, il faut que $tQ + \frac{tdQ}{Qdx} + \xi t - \frac{uX}{Q} = (u + t).P$; ce qui arrivera, si $- \frac{X}{Q} = \xi + Q + \frac{dQ}{Qdx}$. Car alors on aura $du + dt + \left\{ (\xi + Q + \frac{dQ}{Qdx}) \times t + (\xi + Q + \frac{dQ}{Qdx}) u \right\} \times dx - \frac{\zeta dx}{Q} = 0$; & en supposant $\xi + Q + \frac{dQ}{Qdx} = P$, on aura $du+dt+(u+t).P-\frac{\zeta dx}{Q}=0$. Mais de l'équation $\zeta+Q+\frac{dQ}{Qdx}=-\frac{X}{Q}$ on tire $Xdx+\zeta Qdx+QQdx+dQ=0$; donc toutes les fois que cette derniere équation sera intégrable, $ddu+\zeta dudx+uXdx^2+\zeta dx^2=0$ le sera aussi.

CCXCVI.

Prenons maintenant l'équation $ddu+\zeta dudx+uXdx^2=0$, & cherchons l'équation de condition d'après laquelle elle seroit intégrable. Je suppose suivant la méthode de M. Euler, exposée dans le Chapitre V. de cette seconde Section, $u=c^{\int ydx}$, dx étant toujours constant, on aura $du=c^{\int ydx}ydx$; $ddu=c^{\int ydx}dydx+c^{\int ydx}y^2dx^2$. Donc après les substitutions & réductions on aura la transformée suivante $Xdx+y\zeta dx+yydx+dy=0$. Donc si cette équation est intégrable, l'équation $ddu+\zeta dudx+uXdx^2=0$ le sera aussi; réciproquement si cette derniere équation est intégrable, la premiere le sera, c'est-à-dire, qu'on aura la valeur de y en x. Car puisqu'on a par l'hypothese la valeur de u en x & que $y=\frac{du}{udx}$, on aura donc la valeur de y dans l'équation $Xdx+\zeta ydx+yydx+dy=0$. Or cette équation est, comme on le voit, la même absolument que la réduite $Xdx+Q\zeta dx+QQdx+dQ=0$. Donc l'équation $ddu+\zeta dudx+uXdx^2+\zeta dx^2=0$ est intégrable dans les mêmes cas que la suivante $ddu+\zeta dudx+uXdx^2=0$ laquelle a un terme de moins. *C. Q. F. D.*

Cherchons maintenant quelques cas particuliers d'intégration des équations précédentes.

CCXCVII.

THEOREME. Si dans l'équation $ddu + \xi du dx + uXdx^2 + \zeta dx^2 = 0$, ξ contient un terme de cette forme $\frac{A}{x}$, il sera toujours possible de faire évanouir ce terme, excepté dans le cas où $A = 1$.

Recherche de quelques cas d'intégration de la formule qui sert d'exemple.

En effet, divisant l'équation par dx, elle devient $\frac{ddu}{dx} + \frac{Adu}{x} + uXdx + \zeta dx = 0$, que l'on peut (Art. CCIII.) mettre sous la forme suivante $d\left(\frac{du}{dx}\right) + \frac{Adu}{x} + \&c. = 0$. Or dans cette équation il n'y a plus aucune différentielle constante, puisque $\frac{du}{dx}$ est une quantité finie ; je suppose dx variable, & j'aurai $\frac{ddu}{dx} - \frac{duddx}{dx^2} + \frac{Adu}{x} + uXdx + \zeta dx = 0$; ou $ddu - \frac{duddx}{dx} + \frac{Adudx}{x} + uXdx^2 + \zeta dx^2 = 0$.

Soit maintenant $x = fz^k$ & dz constant, la transformée sera $ddu - \frac{(k-1).dzdu}{z} + \frac{Akdzdu}{z} + \&c. = 0$, ou $ddu - \frac{kdzdu}{z} + \frac{dzdu}{z} + \frac{Akdzdu}{z} + \&c. = 0$. Supposons $k = \frac{-1}{A-1}$, on aura $ddu + \frac{dzdu}{(A-1).z} + \frac{dzdu}{z} - \frac{Adzdu}{(A-1).z} + \&c. = 0$; ou enfin $ddu + \frac{dzdu}{(A-1).z} + \frac{Adzdu}{(A-1).z} - \frac{dzdu}{(A-1).z} - \frac{Adzdu}{(A-1).z} + \&c. = 0$. Donc il est évident que toutes les fois que A ne sera pas $= 1$. la substitution de $x = fz^{\frac{1}{A-1}}$ fera évanouir le second terme de l'équation qui deviendra pour lors $ddu + Bu\varphi(z)dz^2$

$+ C\Gamma(z)\, dz^2 = 0$, $\varphi(z)$ & $\Gamma(z)$ étant des fonctions différentes de z.

Donc en général si on a $ddu + \frac{A\,du\,dx}{x} + uBx^m\, dx^2 + \zeta\, dx^2 = 0$, cette différentielle se réduit à l'équation $ddu + uRz^p\, dz^2 + \zeta'\, dz^2 = 0$.

Soit $du + tQ\,dz = 0$; en mettant pour ddu sa valeur, divisant l'équation par $Q\,dz$ & changeant les signes, on aura la transformée suivante $dt + \frac{t\,dQ\,dz}{Q\,dz} - \frac{uRz^p\,dz}{Q} - \zeta'\,dz = 0$. A cette équation j'ajoute celle-ci $du + tQ\,dz = 0$; ce qui me donne $du + dt + \left(tQ + \frac{t\,dQ}{Q\,dz} - \frac{uRz^p}{Q}\right) \times dz - \zeta'\,dz = 0$, équation intégrable dans le cas où $tQ + \frac{t\,dQ}{Q\,dz} - \frac{uRz^p}{Q} = (u+t) \times P$. Cette proposition se démontreroit de la même façon dont nous l'avons démontrée Article CCXCV.

Or pour que $tQ + \frac{t\,dQ}{Q\,dz} - \frac{uRz^p}{Q} = (u+t) \times P$, il faut que $-\frac{Rz^p}{Q} = Q + \frac{dQ}{Q\,dz}$. Donc l'équation $ddu + uRz^p\,dz^2 + \zeta'\,dz^2 = 0$ s'integrera dans les mêmes cas que l'équation $Rz^p\,dz + QQ\,dz + dQ = 0$, qui est l'équation de Ricati. Nous avons donné les cas d'intégration de cette formule aux Articles CXVIII. & suivants de cette seconde Partie.

CCXCVIII.

THEOREME 2. Si $A = 1$, l'équation sera $ddu + \frac{du\,dx}{x} + uBx^m\,dx^2 + \zeta\,dx^2 = 0$; en faisant toujours $du + tQ\,dx = 0$ & suivant les mêmes procédés que dans les Articles précédents,

précédents, l'intégration se réduira à celle de $Bx^m dx + Qx^{-1} dx + QQdx + dQ = 0$. Soit dans cette équation $Q = rx^{-1}$, la transformée sera $Bx^m dx + \frac{r^2 dx}{xx} + \frac{dr}{x} = 0$; intégrable dans le cas où $m = -2$, puisqu'elle devient alors $Bdx + xdr + rrdx = 0$. On trouvera les autres cas d'intégration de l'équation $Bx^m dx + Qx^{-1} dx + QQdx + dQ = 0$, en se servant des méthodes employées dans le Chapitre XI. de la premiere Section de cette seconde Partie.

CCXCIX.

THEOREME 3. Reprenons l'équation de condition de l'Art. CCXCVI. $Xdx + \xi Qdx + QQdx + dQ = 0$; & faisons dans cette équation $X = Ax^m$ & $\xi = Bx^n$, elle devient $Ax^m dx + BQx^n dx + QQdx + dQ = 0$, la même que celle dont nous avons trouvé les cas d'intégrabilité dans le Chapitre XI. de la premiere Section. Soit donc comme dans l'Article CXXVI. $Q = Bx^r + fx^s z^t$, p, r, f, s, t étant des indéterminées prises à volonté, on aura la transformée suivante $Ax^m dx + Bpx^{n+r} dx + Bfz^t x^{n+s} dx + ppx^{2r} dx + 2fpz^t x^{s+r} dx + ffz^{2t} x^{2s} dx + prx^{r-1} dx + fsz^t x^{s-1} dx + ftx^s z^{t-1} dz = 0$; intégrable dans tous les cas où elle se peut réduire à une équation de cette forme $X' z^{t-1} dz + z^t X'' dx + z^{2t} X''' dx = 0$, X', X'', X''' étant des fonctions ou des puissances de x, puisqu'alors c'est le cas de M. Bernoulli, traité dans les Articles XCV. & suivants. La transformée sera encore intégrable, toutes les fois qu'elle tombera dans les cas intégrables de l'équation de Ricati.

CCC.

REMARQUE. En faisant $X = Ax^m + x^{-1}$, l'équation de condition sera $Ax^m dx + x^{-1} dx + BQx^n dx + QQdx + dQ = 0$; dont la transformée ne sera pas, comme il est aisé de le voir, plus compliquée que celle du Théorême précédent. On en trouvera par la même méthode les cas d'intégrabilité.

CCCI.

THEOREME 4. Soit dans l'équation de condition $\zeta = 0$ & $X = Ax^m + Bx^n$, elle devient $Ax^m dx + Bx^n dx + QQdx + dQ = 0$, dont on trouvera encore les cas d'intégrabilité en faisant $Q = px^r + fx^s z^t$.

CCCII.

Autre formule à laquelle s'applique notre méthode.

COROLLAIRE GÉNÉRAL. Dans le Chapitre IX. de cette présente Section, nous avons vu comment on pouvoit dans certains cas intégrer l'équation différentielle $(a + bx^n) \times x^2 ddv + (c + fx^n) . xdxdv . + (g + hx^n) \times vxdx^2 = 0$. Il s'ensuit du Théorême premier de ce Chapitre, qu'on pourra dans les mêmes cas intégrer cette équation augmentée d'un terme ζdx, ζ étant une fonction quelconque de x.

CCCIII.

SCHOLIE. Reprenons l'équation $ddu + \xi dudx + uXdx^2 + \zeta dx^2 = 0$, & au lieu de suppofer $du + tQdx = 0$, suppofons $du - EtQdx = 0$, E étant un coefficient indéterminé ; nous aurons la transformée suivante $EQdtdx + EtdQdx + EtQ\xi dx^2 + uXdx^2 + \zeta dx^2 = 0$. Multipliant cette feconde équation par un coefficient indéterminé ν, & la divifant par $EQdx$, on aura $\nu dt + \frac{\nu t dQ dx}{Q dx} + \nu t \xi dx + \frac{\nu u X dx}{EQ} + \frac{\nu \zeta dx}{EQ} = 0$. J'ajoute à cette équation la suivante $du - EtQdx = 0$, & je les divife par ν, j'aurai $\frac{du}{\nu} + dt + \left\{\frac{tdQ}{Qdx} - \frac{EtQ}{\nu} + \xi t + \frac{\nu u X}{E\nu Q}\right\} . dx + \frac{\zeta dx}{EQ} = 0$; équation intégrable (Art. CCXCV.), fi $\frac{tdQ}{Qdx} - \frac{EtQ}{\nu} + \xi t + \frac{\nu u X}{EQ} = \left(\frac{u}{\nu} + t\right) \times P'$. Or il faut pour cela que $\frac{\nu X}{EQ} = \frac{dQ}{Qdx} - \frac{EQ}{\nu} + \xi$; ce qui donne pour nouvelle équation de condition (D) $Xdx - \frac{EQ\xi dx}{\nu} + \frac{E^2Q^2dx}{\nu^2} - \frac{EdQ}{\nu} = 0$. Mais il eft vifible que cette nouvelle fuppofition ne rend pas la folution fondamentale plus générale, puifque la nouvelle équation de condition (D) & la premiere $Xdx + Q\xi dx + QQdx + dQ = 0$ reviennent à la même, en mettant dans l'équation (D) Q pour $-\frac{EQ}{\nu}$.

CCCIV.

COROLLAIRE. En général toute équation $X'dx + \xi' udx + X'' u^2 dx + du = 0$ deviendra $Xdx + \xi ydx +$

$yydx + dy = 0$ en faisant $X''u = y$; puisque cette supposition nous donne $u = \frac{y}{X''}$, $du = \frac{dy}{X''} - \frac{ydX''}{X''^2}$ & pour transformée $Xdx + \zeta ydx + y^2 dx + dy = 0$, X étant $= X'X''$ & $\zeta = \frac{\zeta'}{X} - \frac{dX''}{X''^2 dx}$.

On peut même changer cette équation en celle-ci $\frac{X'dx}{r} + X''y^2 rdx + dy = 0$, qui dans certains cas pourroit être plus commode. Il faut pour cet effet supposer $u = yr$ & $\frac{dr}{r} + \zeta dx = 0$. Car alors la transformée sera $X'dx + yr\zeta dx + y^2 r^2 X'' dx + rdy + ydr = 0$. Divisons par yr, elle devient $\frac{X'dx}{yr} + \zeta dx + X'' yrdx + \frac{dy}{y} + \frac{dr}{r} = 0$; & à cause de $\frac{dr}{r} + \zeta dx = 0$, $\frac{Xdx}{yr} + X''yrdx + \frac{dy}{y} = 0$; ou enfin $\frac{X'dx}{r} + X''y^2 rdx + dy = 0$.

CCCV.

COROLLAIRE 2. Puisque l'équation $ddu + \frac{dudx}{x} + uXdx^2 + \zeta dx^2 = 0$ se réduit (Théorême 2.) à $Xdx + Qx^{-1}dx + QQdx + dQ = 0$, il s'ensuit qu'en faisant $Q = \frac{y}{x}$, elle se réduira à $xXdx + \frac{y^2 dx}{x} + dy = 0$. En effet la transformée sera $Xdx + yx^{-2}dx + y^2 x^{-2} dx + x^{-1} dy - yx^{-2} dx = 0$; c'est-à-dire $Xdx + y^2 x^{-2} dx + x^{-1} dy = 0$; & en multipliant par x, $xXdx + \frac{yydx}{x} + dy = 0$.

CCCVI.

On peut appliquer la méthode expliquée dans ce Chapitre à des équations d'un ordre plus élevé que le second.

Soit, par exemple, l'équation du troisieme ordre $d^3u + \xi ddudx + Xdudx^2 + u\zeta dx^3 + \chi dx^3 = 0$; ξ, X, ζ, χ étant des fonctions de x. En faisant $ddu + Qdtdx + tNdx^2 = 0$, Q, t, N étant trois indéterminées, on trouvera que la proposée est réductible à une équation du second degré de cette forme $ddz + R'dzdx - \frac{\chi dx^2}{Q} = 0$; si $N = X + QQ - \frac{dQ}{dx} - \xi Q$ & $\zeta + NQ - \frac{dN}{dx} - \xi N = 0$. Car suivant la supposition précédente la transformée sera, après les substitutions ordinaires, $-Qdxddt - dQdtdx - \xi Qdtdx^2 - Ndtdx^2 + Xdudx^2 - tdNdx^2 - \xi tNdx^3 + u\zeta dx^3 + \chi dx^3 = 0$. Divisant cette équation par $-Qdx$ & y ajoutant l'équation $ddu + Qdtdx + tNdx^2 = 0$, on aura $ddu + ddt + (\frac{dQ}{Qdx} - Q + \xi + \frac{N}{Q}) \times dtdx - (\frac{X}{Q}) \times dudx + (\frac{dN}{dx} + \xi N - NQ) \times \frac{tdx^2}{Q} - (\zeta)\frac{udx^2}{Q} - \frac{\chi dx^2}{Q} = 0$. Donc si (F) $\frac{dQ}{Qdx} - Q + \xi + \frac{N}{Q} = -\frac{X}{Q}$, & que $\frac{dN}{dx} + \xi N - NQ - \zeta = 0$, on aura en supposant l'un & l'autre membre de l'équation $(F) = R'$, $ddu + ddt + (du + dt) \times R'dx - \frac{\chi dx^2}{Q} = 0$; & enfin en faisant $du + dt = dz$, on trouve $ddz + R'dxdz - \frac{\chi dx^2}{Q} = 0$.

Application de la méthode à une équation différentielle du troisieme ordre.

Or en substituant dans l'équation $\frac{dN}{dx} + \xi N - NQ - \zeta = 0$ pour N sa valeur tirée de l'équation (F) qui devient $N = X + QQ - \frac{dQ}{dx} - \xi Q$, on trouvera une équation différentielle du second degré dont Q sera l'inconnue qu'il faudra déterminer en x. Donc l'intégration de l'équation $d^3u + \zeta\, ddu\, dx + X\, du\, dx^2 + u\zeta\, dx^3 + \chi\, dx^3 = 0$, se réduit à celle d'une équation différentielle du second ordre.

F I N.

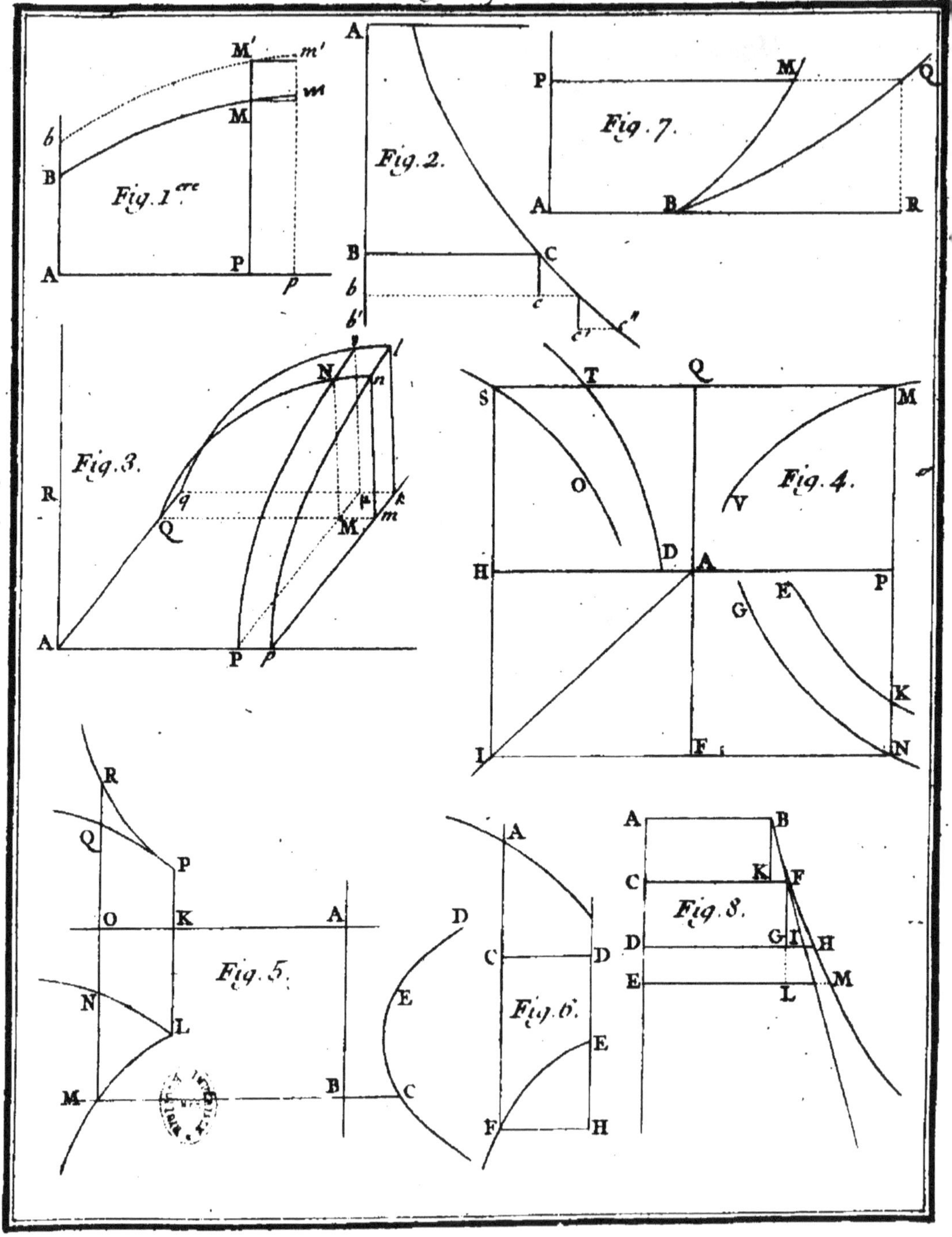
Fig. 1.ere
Fig. 2.
Fig. 3.
Fig. 4.
Fig. 5.
Fig. 6.
Fig. 7.
Fig. 8.

TABLE
DES MATIERES
Contenues dans cette Seconde Partie.

SECTION PREMIERE.

De l'Intégration des Différentielles du premier ordre qui contiennent deux ou plusieurs variables.

CHAPITRE PREMIER.

Des quantités & des équations différentielles qui s'intégrent sans qu'il soit nécessaire d'en séparer auparavant les indéterminées & sans aucune autre préparation.

§. I. *Sur l'intégration des quantités différentielles.*

§. II. *Sur l'intégration des équations différentielles.*

CHAPITRE II.

Méthode pour reconnoître quand une différentielle composée de plusieurs variables est la différentielle exacte de quelque quantité, & pour l'intégrer dans ce cas.

§. I. *Exposition de la Méthode appliquée aux quantités & aux équations différentielles qui ne renferment que deux variables.*

Maniere d'intégrer les quantités $Adx + Bdy$ *& les équations* $Adx + Bdy = 0$, *lorsqu'elles sont des différentielles exactes.*

§. II. *Application du Théorême fondamental aux équations différentielles qui renferment plus de deux variables.*

XXXI.

CHAPITRE III.

De la conſtruction des équations différentielles dans leſquelles les indéterminées ſont ſéparées.

CHAPITRE IV.

De la ſéparation des indéterminées dans les équations différentielles par les regles ordinaires de l'Algebre, ou par de ſimples transformations.

CHAPITRE V.

De la séparation des indéterminées dans les équations homogenes.

CHAPITRE VI.

Méthode pour rendre homogenes des équations qui ne le sont pas.

CHAPITRE VII.

Sur la construction de l'équation $AXy^n dy + By^{n+1} X'dx + Cy^q X''dx = 0$.

CHAPITRE VIII.

Des Différentielles qui peuvent se ramener par des transformations à la formule du Chapitre précédent.

CHAPITRE IX.

Examen général de tous les cas particuliers d'intégration des équations à trois termes.

CHAPITRE X.

Recherche générale de l'intégration des équations à quatre termes.

CHAPITRE XI.

Examen des cas d'intégration de l'équation $x^m dx + ady + byx^n dx + cy^2 dx = 0$.

CHAPITRE XII.

Méthode pour conſtruire les équations différentielles à deux variables, dans leſquelles l'une des deux indéterminées manque.

CHAPITRE XIII.

Méthode pour intégrer pluſieurs équations différentielles dans leſquelles dx & dy *ſont élevées à différentes puiſſances.*

CHAPITRE XIV.

Autre méthode pour découvrir quelques équations intégrables par le moyen de l'équation $z = \frac{dx}{dy}$.

CHAPITRE XV.

Méthode pour intégrer quelques équations différentielles par le moyen des coefficients indéterminés.

CHAPITRE XVI.

Méthode pour déterminer une intégrale par certaines conditions données de la différentielle.

SECTION SECONDE.

De l'Intégration des différentielles à plusieurs variables du second ordre, ou d'un ordre plus élevé.

CHAPITRE PREMIER.

De l'intégration de certaines différentielles du second ordre, dans le cas où l'on sait que telle ou telle différentielle du premier ordre a été traitée comme constante dans le passage des premieres différences aux secondes.

CHAPITRE II.

Méthode pour rendre completes les équations différentielles de tous les degrés.

CHAPITRE III.

Méthode pour déterminer dans quelques cas, la différentielle qui, supposée constante, facilitera le plus l'intégration.

CHAPITRE IV.

Dans lequel on applique aux équations différentielles de tous les ordres la méthode de l'article qui apprend à intégrer ou construire les équations différentielles du premier degré dans lesquelles l'une des indéterminées finies ne se trouve à aucun terme.

CHAPITRE V.

Méthode pour transformer un grand nombre d'équations différentielles qui renferment leurs deux indéterminées finies, en d'autres dans lesquelles l'une des deux ne se trouve pas.

CHAPITRE VI.

Application de la Méthode du Chapitre XV. de la premiere Section aux équations différentielles d'un ordre plus élevé que le premier.

CHAPITRE VII.

Exposition d'une Méthode pour construire ces mêmes équations $\frac{ad^n y}{dx^n} + \frac{bd^{n-1} y}{dx^{n-1}} + \frac{gd^{n-2} y}{dx^{n-2}}$, *&c.* $+ X = 0$, *en y supposant* $X = 0$.

CHAPITRE

CHAPITRE VIII.

Comparaison de la Méthode exposée dans le Chapitre précédent avec celle que nous avons donnée dans le Chapitre VI. Sect. II.

CHAPITRE IX.

Méthode pour trouver les cas d'intégrabilité de quelques équations du second ordre, représentées par la formule $(M)\ (a+bx^n)x^2ddv+(c+fx^n)xdxdv+(g+hx^n)vdx^2=0$, *dans laquelle* dx *est constant.*

CHAPITRE X.

Examen de plusieurs équations différentielles du second ordre, intégrables dans les mêmes cas que d'autres équations du même ordre qui ont un terme de moins.

Fin de la Table des Matieres.

www.ingramcontent.com/pod-product-compliance
Lightning Source LLC
Chambersburg PA
CBHW070256200326
41518CB00010B/1808
* 9 7 8 2 0 1 2 7 7 4 1 6 2 *